住房城乡建设部土建类学科专业"十三五"规划教材

工程造价概论

（第四版）

袁建新　袁　媛　编著

田恒久　主审

U0291400

中国建筑工业出版社

图书在版编目（CIP）数据

工程造价概论/袁建新，袁媛编著．—4 版．—北京：中国建筑工业出版社，2019.3（2023.6重印）
住房城乡建设部土建类学科专业"十三五"规划教材
ISBN 978-7-112-23220-8

Ⅰ．①工…　Ⅱ．①袁…②袁…　Ⅲ．①工程造价-高等职业教育-教材　Ⅳ．①TU723.32

中国版本图书馆 CIP 数据核字（2019）第 016647 号

　　《工程造价概论》课程是高等职业教育工程造价专业的专业核心课程。本教材此次修订增加了两部分内容："营改增"后工程造价计算方法、装配式建筑工程造价原理相关内容。同时，对前版的少量内容做了修改。

　　本教材主要包括：概述、工程造价原理、计价方式、工程定额编制原理、施工图预算编制实例、工程量清单及清单报价编制实例、分部分项工程和单价措施项目完全（全费用）工程造价计算及装配式建筑工程造价计价原理。

　　本教材可作为高等职业教育工程造价专业及相关专业的课程教材，也可作为行业从业人员的自学及参考用书。

　　为更好地支持相应课程的教学，我们向采用本书作为教材的教师提供教学课件，有需要者可与出版社联系，邮箱：jckj@cabp.com.cn，电话：（010）58337285，建工书院 http://edu.cabplink.com。

责任编辑：张　晶　吴越恺
责任校对：李美娜

住房城乡建设部土建类学科专业"十三五"规划教材

工 程 造 价 概 论
（第四版）

袁建新　袁　媛　编著
田恒久　主审

＊

中国建筑工业出版社出版、发行（北京海淀三里河路 9 号）
各地新华书店、建筑书店经销
北京红光制版公司制版
建工社（河北）印刷有限公司印刷

＊

开本：787×1092 毫米　1/16　印张：13　字数：324 千字
2019 年 3 月第四版　　2023 年 6 月第二十二次印刷
定价：35.00 元（赠教师课件）
ISBN 978-7-112-23220-8
（33300）

第 四 版 前 言

《工程造价概论》课程是高等职业教育工程造价专业核心课程。通过本课程的学习，使学生掌握工程造价原理、工程造价计价方式、工程定额编制原理三大理论基础知识和方法，为后续学好《建筑工程预算》《工程量清单计价》等课程，掌握好编制建筑工程预算、工程量清单和工程量清单报价技能打好理论与方法基础。

《工程造价概论》课程也是非工程造价专业学生系统了解施工图预算和工程量清单报价编制方法的特色教材。

第四版教材根据我国装配式建筑的发展状况增加了装配式建筑工程造价计价原理的内容。

第四版教材根据《中华人民共和国增值税暂行条例》的规定以及《住房和城乡建设部办公厅关于做好建筑业营改增建设工程计价依据调整准备工作的通知》（建办标〔2016〕4号）文件要求和建筑业增值税计算办法，增加了"营改增"后工程造价计算方法的有关内容。

本教材由四川建筑职业技术学院袁建新教授，上海城建职业学院袁媛副教授主编。袁建新编写了第1章、第2章、第3章、第4章的全部内容，袁媛编写了第5章、第6章、第7章、第8章的全部内容。

本教材由山西建筑职业技术学院全国注册造价工程师田恒久主审。书稿修订过程中得到了中国建筑工业出版社的大力支持和帮助，为此一并表示衷心的感谢。

由于作者水平有限，书中难免会有不足之处，敬请广大读者批评指正。

作　者

2018 年 10 月

第 三 版 前 言

《工程造价概论》教材自编写出版以来，通过教学使用和工程造价实践，作者对工程造价的理论与方法，有了进一步的研究。第三版的许多内容是作者在原有教材基础上新成果的反映。

第三版教材的主要特点是构建了课程内容新的体系；完善了工程造价原理的内容；分别论述了计价原理和定额编制原理；叙述了我国定额与计价的沿革；提出了未来定额管理的展望；编写了施工图预算和清单报价的编制实例；介绍了清单报价"全费用法"的编制方法和实例。

上述这些特点，体现了工程造价概论教材内容及时反映了我国特有的社会主义市场经济条件下不断完善的工程造价理论与方法的特点。

第三版第1、2、3、4章由四川建筑职业技术学院袁建新教授编著，第5、6、7章由上海城市管理职业技术学院袁媛副教授编著。山西建筑职业技术学院注册造价工程师田恒久为本教材提出了很好的意见和建议。中国建筑工业出版社为出版本书提供了大力的支持和帮助。为此，一并致以衷心的感谢。

由于中国特色的工程造价理论正处于发展时期，加之作者的水平有限，书中难免有不当之处，敬请广大读者批评指正。

作者

2015 年 12 月　德阳

第 二 版 前 言

本书在第一版的基础上增加了工程造价综合练习指导的内容，包括定额工程量计算规则与方法，清单工程量计算规则与方法，定额直接工程费的计算，综合练习任务书指导书，工程造价综合练习项目及施工图。

第二版由四川建筑职业技术学院袁建新教授编著。注册造价工程师刘德甫高级工程师针对本教材的造价综合练习方面提出了很好的意见和建议。中国建筑工业出版社对本书的出版提供了大力的支持和帮助。在此，一并致以衷心的感谢。

由于中国特色的工程造价理论正处于发展时期，加之作者的水平有限，书中难免有不当之处，敬请广大读者批评指正。

作者

2012 年 8 月

第 一 版 前 言

本书首创了设置工程造价概论课程的想法，构建了工程造价概论的知识体系，阐述了工程造价基本理论，实践了工程造价概论的编写内容。

新中国成立以来，工程造价的发展经历了几个转型期，社会主义市场经济理论的建立和发展为工程造价理论的发展和实践奠定了理论基础，建设工程工程量清单计价规范的颁发和实践深化了中国特色工程造价计价方式的改革力度，从而积极推动了工程造价理论与实践的系统化进程，不断总结工程造价的工作经验，总结规律性的内容，完善工程造价理论已成为工程造价学科发展的客观要求。这就是编写工程造价概论的背景。

本书是高职土建类各专业的工程造价理论与方法的新颖教材，是国家示范性高职院校工程造价重点专业建设教学改革成果，对各专业的教学改革具有重要的现实意义。

本书提出的和构建的工程造价概论的知识体系对工程造价行业和高职工程造价专业教学将产生一定的影响。

本书由注册造价工程师四川建筑职业技术学院袁建新教授编著。注册造价工程师刘德甫高级工程师对本教材提出了理论联系实际方面的很好意见和建议。中国建筑工业出版社为出版本书提供了大力的支持和帮助。为此，一并致以衷心的感谢。

由于工程造价理论正处于发展时期，加之作者的水平有限，书中难免有不当之处，敬请广大读者批评指正。

作者

2011 年 1 月

目　　录

1 概　　述

1.1　工程造价的含义

我国工程造价的含义有广义和狭义之分。

1.1.1　广义工程造价的含义

从广义上讲，工程造价是指建设一项工程预期开支或实际开支的全部固定资产投资费用。即完成一个工程项目建设所需费用总和，包括建筑安装工程费、设备工器具费用和工程建设其他费用等。这一含义是从投资者的角度来定义的，从这个意义上讲，工程造价就是工程投资的费用，反映的是投资者投入与产出的关系。

1.1.2　狭义工程造价的含义

从狭义上讲，工程造价就是指工程价格，即建筑产品价格，是建筑工程施工发承包双方在施工合同中约定的工程造价，即为建成一个工程项目，预计或实际在土地市场、设备市场、技术劳务市场以及承包市场等交易活动所形成的建筑安装工程价格，主要是以设计概算价、施工图预算价、工程量清单投标报价、工程结算价等形式表现出来的工程项目的承发包价格，即合同价。狭义的工程造价反映的是建筑市场中以建筑产品为对象的商品交换关系，包含着价格与价值、供给与需求之间的矛盾。

本书阐述的是指狭义层面上的工程造价内容。

1.2　工程造价的定义

1.2.1　工程造价是建设全过程各阶段价格的总称

工程造价是对建设项目在决策、设计、交易、施工、竣工5个阶段的整个过程中，对投资估算价、设计概算造价、施工图预算造价、招标控制价、工程量清单报价、工程结算造价和竣工决算价的总称。

1.2.2　工程造价也是对某一工程不同阶段价格的称谓

投资估算是建设项目决策阶段编制的工程造价；设计概算是设计阶段编制的工程造价；工程量清单报价或施工图预算是交易阶段编制的工程造价；施工图预算是施工阶段编制的工程造价；工程结算是竣工阶段编制的工程造价。

1.3　工程造价概论课程研究对象和学习任务

1.3.1　工程造价概论课程研究对象

通过了解上述五个不同阶段产生不同工程造价的原因以及他们之间的相互关系，把建筑安装工程施工生产成果与施工生产消耗之间的内在定量关系以及不同计价方式的计价原理和计价方法，作为本课程的重点研究对象。

1.3.2　工程造价课程学习任务

通过工程造价概论的学习，熟悉设计概算造价、施工图预算造价、招标控制价、工程量清单报价、工程结算造价的编制原理和编制方法，把如何运用市场经济的基本理论，合理确定上述不同阶段的工程造价，较全面、完整地了解工程造价专业的工作范围和工作内容，作为本课程的主要学习任务。

2 工 程 造 价 原 理

2.1 理论工程造价费用构成

2.1.1 商品的价格构成

用于交换的建筑产品也是商品。

商品的价值构成包括三个方面的内容。一是生产资料的转移价值，可以用 C 来表示；二是劳动者为自己劳动创造的价值，可以用 V 来表示；三是劳动者为社会劳动创造的价值，可以用 m 来表示。

商品 W 的价值，可以用下列算式表达：

$$W=C+V+m$$

式中　$C+V$——产品的成本。

2.1.2 工程造价的理论价格构成

按照商品价值的经济学理论，建筑产品中生产资料的转移价值主要指构成工程实体的建筑材料的转移价值和劳动工具、机械设备的折旧的转移价值；劳动者为自己劳动创造的价值，可以指工人和管理人员的工资等价值；劳动者为社会劳动创造的价值，可以指利润、税金等价值。

建筑产品按照费用形成的过程可以将工程造价划分为直接费、间接费、利润和税金。直接费与间接费之和为工程成本，是简单再生产过程中消耗的人力、物力的补偿。

直接费一般包括人工费、材料费、机械使用费；间接费一般包括企业管理费和规费。

直接费中的人工费和机械使用费中的机上操作人员的工资属于劳动者为自己劳动创造的价值 V；直接费中的材料费和机械使用费中的折旧费、燃料费等以及间接费中消耗的材料费和使用的管理设备折旧费等是生产资料的转移价值 C；利润和税金是劳动者为社会劳动创造的价值。

建筑产品的理论价格由直接费、间接费、利润和税金构成。实施中的建筑产品价格——建筑安装工程费用构成，是按照工程建设发生各项费用的实际情况来确定的。不管实际工作中的工程造价费用如何划分，都可以归纳为"直接费、间接费、利润和税金"四个组成部分，也可以归纳为 $W=C+V+m$。这就是工程造价费用构成的理论基础。工程造价理论价格构成示意图见图 2-1。

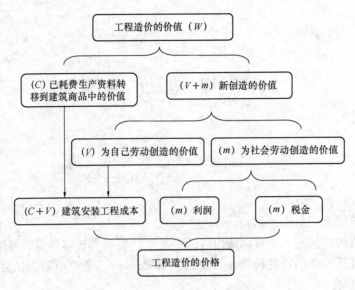

图 2-1 工程造价理论价格构成示意图

2.2 工程造价成本的理论基础

2.2.1 西方经济学对成本及生产要素的定义

1. 成本的有关概念

成本（Cost）从一般的含义来讲，是指厂商在生产中所耗费的生产要素的价格，即生产费用。

2. 生产和生产要素

生产的过程，实际上是投入一定数量的资源（生产要素）将其转变为产品的过程。在生产理论中将投入的资源分为四大类，即劳动、资本、土地和企业家才能。

（1）劳动

劳动是指生产过程中人们脑力和体力的消耗。劳动是任何生产活动中必不可少的一种要素投入。根据生产过程中对脑力和体力的依赖程度，又可分复杂劳动和简单劳动。通常人们把以脑力劳动为主的劳动看作是复杂劳动，以体力劳动为主的劳动看作简单劳动。

在市场经济中，劳动的投入是以劳动时间来计量的，在劳动的计量中，复杂劳动需还原成一定比例的简单劳动。经济不断发展，劳动力的质量在生产过程中的作用日趋增强。

（2）资本

资本从狭义的角度来看，是指投入在生产过程中作为劳动手段的物品。比如，厂房、机器设备、运输工具、原材料、燃料等。从广义的角度来看，资本还包括无形资产，如商标、技术专利、企业信誉等以及一定数量的货币资金。

（3）土地

土地是指任何生产活动所必需的自然资源，除土地以外还包括森林、矿藏、水力等要素。

（4）企业家才能

企业家才能是指企业家经营企业的组织能力、管理能力和创新能力。在现代生产条件下，企业家才能大小直接关系到企业兴衰存亡。因此，在现代西方经济学理论中，对企业家才能在企业经营中的作用给予高度重视。

2.2.2 财务通则对成本的定义

财政部企业司对 2006 年财政部颁发的《企业财务通则》解读中对"成本"的定义为："成本是指企业在生产经营过程中所消耗的各种资源的经济价值。所谓'资源'，既包括材料、固定资产等有形资产的消耗，也包括劳务、资金等无形资产的消耗。前者体现为材料成本、折旧费等，后者体系为人工成本、管理费用、资金成本等。所谓资源'消耗'，既有资源存在形态发生转化的情形，如原材料经加工成为半成品进而成为存货，也有直接耗费的情形，如支付税金、职工薪酬等。"

2.2.3 价格学对成本的定义

1. 生产成本的含义

生产成本是指生产者生产一定数量的某种商品所支出的物质资料耗费和劳动报酬的总和，是商品价值中物化劳动的转移价值和生产者为自己劳动所创造的那一部分价值的货币表现形态。

价格构成中的生产成本区别于企业财务成本。首先，两者的标准不同。一般情况下，同种商品的生产成本在同一时间只有一个，而财务成本作为生产时的实际支出的费用，一般情况下同种商品在同一时间可以不止一个；其次，两者包括范围不同，生产成本只补偿与商品生产耗费有关的资金，其他无关的费用均不能作为定价成本，而财务成本则既包括生产性开支，也包括如废品损失、事故损失等非生产性开支；最后，两者作用不同，生产成本是制定生产者价格的主要依据，财务成本是考核企业经营管理好坏的重要指标。当然，生产成本与财务成本也关系密切，生产成本的各数据，均来源于企业财务成本，从这个意义上说，财务成本是核算生产成本的基础。

2. 生产成本在价格构成中的地位

（1）生产成本是制定价格的主要经济依据

生产成本是生产者价格构成的三要素之一，是商品价值主要部分的货币表现，是价格构成的主体。在一般情况下，商品生产成本的高低直接反映着价格的高低。

一般说来，生产成本呈上升趋势的产品，其价格也存在上升的可能；生产成本呈下降趋势的产品，其价格也存在着下降的可能。生产成本相对稳定的产品，其价格也相对稳定。

所以，任何商品价格的形成，都必须以成本为主要依据。

（2）生产成本是制定价格的最低经济界限

在生产成本的组成中，其物质费用和人工工资都是生产中必须事先垫付的一定资金。不论商品的出售价格高低情况如何，它们都有预定的必须支付的标准，这是生产成本这一经济范畴形成的必需条件。

所以说，由于生产成本是生产者进行商品生产必须事先垫付的资金，要在生产者价格中得到收回或补偿，才能保证简单再生产得以继续进行。

在市场经济条件下，商品价格如果低于生产成本，那么垫付资金得不到补偿，就是亏本生产，企业的再生产活动就无法维持下去：价格如果等于生产成本，企业的简单再生产能维持。但一般来说，仅能维持简单再生产仍是不够的，因为企业没有一定的盈利，就不能进行扩大再生产，企业就没有生产积极性。因此，正常的价格应至少弥补生产成本，并尽量争取扩大盈利，以实现扩大再生产。

3. 生产成本的基本形态

成本有两种基本形态，即个别成本和社会成本。

（1）个别成本

个别成本是指各个生产者生产一定产品实际发生的成本，它由各个生产者的实际耗费决定。由于不同生产者生产同一产品时，其生产技术、管理水平、原材料消耗等各不相同，因而其个别成本也不尽相同。显然，个别成本是企业自身用来核算经济效益的重要指标，也是考核、衡量各个企业经营管理情况的重要依据。生产者实际定价时，通常要核算出本企业的个别成本作为定价成本。生产者的个别成本应根据一定计算期内完工产品的实际产量、实际消耗和实际价格，按照权责发生制的原则进行核算。

（2）社会成本

社会成本又称部门平均成本，是不同生产者生产同种产品的平均成本，是在社会正常生产和合理经营条件下生产同一产品的平均生产费用支出。

绝大多数产品的社会成本，应是全国范围的正常生产合理经营的中等成本。

建筑安装工程消耗量定额是以建筑安装工程施工生产的社会成本确定的。

2.3 国外工程造价费用构成

2.3.1 英国工程造价费用构成

1. 英国的工程造价计价方式

英国的工程造价计价方式可以表述为：承包商的估价师根据业主工料测量师编制的工程量清单、工程量计算规则（SMM），参照以前的经验进行成本要素分析，收集市场信息资料、分发咨询单、回收相应厂商及分包商报价，对每一分项工程都填入相应的单价，然后单价与工程量相乘计算出包括人工、材料、机械台班、分包工程、临时工程、管理费和利润。所有分部分项工程费用之和，再加上开办费、基本费用（指投标费、保证金、保险、税金等）和指定分包工程费构成工程总造价，也就是承包商的投标价。

2. 建设项目工程造价费用构成

在英国，一个工程建设项目的工程建设费用从业主的角度由以下项目组成：

（1）土地购置或租赁费

（2）现场清除及场地准备费

（3）工程费

（4）永久设备购置费

（5）设计费

（6）财务费用（如贷款利息等）

（7）法定费用（如支付地方政府的费用、税收等）

（8）其他（如广告费等）

3. 承包商角度工程造价费用构成

从承包商的角度，英国工程造价由以下费用构成：

（1）直接费

指直接构成分部分项工程的人工费、材料费和施工机械费。

直接费还包括材料搬运和损耗附加费、机械搁置费、临时工程的安装和拆除以及一些不组成永久性构筑物的消耗性材料等附加费。

（2）现场费

现场费主要包括驻现场职员、交通、福利和现场办公费用，保险费以及保函费用等。

（3）管理费、风险费和利润

（4）税费

2.3.2 美国工程造价费用构成

1. 美国工程造价计价方式

美国没有由政府部门统一发布的工程量计算规则和工程定额。但美国的工程师估价可以选用专业协会、大型工程咨询顾问公司、政府有关部门出版的大量商业出版物进行估价，美国各地政府也在对上述资料综合分析的基础上定时发布工程成本材料指南。工程估价师可以根据上述依据编制工程造价文件。

2. 美国工程造价费用构成

从承包商的角度，美国工程造价由以下费用构成：

（1）人工费

（2）材料费

（3）机械费

（4）管理费

（5）利润

（6）建造师费

（7）不可预见费

（8）销售税

2.4　我国建筑安装工程费用组成沿革

2.4.1　1955 年建筑安装工程费用组成规定

1955 年国家建委颁发《工业与民用建设预算编制暂行细则》规定，建筑安装工程预算费用包括：直接费用、间接费用、计划利润和税金。其费用组成见表 2-1。

1955 年国家建委规定的建筑安装工程费用组成　　　　表 2-1

序号	费用名称	费用组成
1	直接费	工人基本工资
		材料费
		施工机械使用费

序号	费用名称	费用组成
2	间接费	行政管理费
		其他间接费
3	计划利润	计划利润
4	税金	税金（公私合营企业的私股部分按国家规定计算税金）

2.4.2 1958 年财政部免纳营业税的规定

1958 年财政部 [58] 财税字第 23 号《关于建筑安装企业承包基本建设工程免纳工商税的规定》通知规定："各建筑安装企业承包的（包括中央及地方企业）、公私合营企业的、合作社营企业的（包括供销合作社、手工业生产社、农业生产合作社等）以及机关、团体、学校、军事单位的基本建设工程，不再区分资金来源，一律免纳营业税（工商税）。"

2.4.3 1966 年至 1972 年的"经常费"制度

"经常费"制度是"文革"期间，国家对建筑安装企业实行的一种特殊财务制度。这项管理制度，从 1966 年开始，到 1972 年底结束，实行了七年。

实行"经常费"制度，就是把工程费用划分为两个部分。第一部分是材料费，包括工程用料费和周转材料费，由建设单位开支，实报实销。第二部分是施工费，包指现场水电费、施工机械费、临时设施费、试验费、远征工程费和其他施工费。对这部分费用的管理有两种做法，一是由建设单位开支，实报实销；一是按材料费的一定比例收取（如北京地区按材料费的 20% 的比例收取）。

2.4.4 1973 年至 1984 年工程造价费用组成

我国取消"经常费"制度后，开始恢复工程预算造价的费用组成项目。其费用组成内容见表 2-2。

取消"经常费"后建筑安装工程费用划分　　　　　　　　表 2-2

序号	费用名称	费用组成
1	直接费	人工费
		材料费
		机械费
		材料价差
		人工价差
		二次搬运费
2	间接费	施工管理费
		远征工程增加费
		冬雨期施工增加费
		夜间施工增加费
		预算包干费
		临时设施费
		劳保费支出
		技术装备费
3	法定利润	法定利润

2.4.5　1985 年颁发的建筑安装工程费用组成

1. 1985 年颁发的建筑安装工程费用组成内容

1985 年国家计委、中国人民建设银行颁发《关于建筑安装工程费用项目划分暂行规定》（计标［85］352 号）文件规定建筑安装工程费用项目组成见表 2-3。

计标［85］352 号文的建筑安装工程费用项目组成　　　　表 2-3

序号	费用	组成内容
1	直接费	人工费
		材料费
		施工机械使用费
		其他直接费
2	间接费	施工管理费
		其他间接费
3	法定利润	法定利润

2. 1985 年建筑安装工程费用项目组成的特点

（1）没有税金项目

20 世纪 60 年代至 70 年代，受计划经济思想的影响，认为基本建设资金来源于国民经济积累，因此所花的建设费用不用计算税金。如果计算了税金就变成了在国民经济积累中空转，没有意义，所以取消了税金项目。

（2）利润是法定的

那时候的利润率是国家规定的。任何施工企业、建造任何建筑物都必须按国家法定的利润率计算利润。当时是计划经济时代，没有市场经济的观点，所以要计算法定利润。

2.4.6　1989 年颁发的建筑安装工程费用

1. 1989 年颁发的建筑安装工程费用组成内容

中国建设银行 1989 年颁发《建筑安装工程费用项目组成》（［89］建标字第 248 号）文件规定建筑安装工程费用项目组成见表 2-4。

［89］建标字第 248 号文的定建筑安装工程费用项目组成　　　　表 2-4

序 号	费 用	组成内容
1	直接费	人工费
		材料费
		施工机械使用费
		其他直接费
2	间接费	施工管理费
		其他间接费
3	计划利润	计划利润
4	税金	营业税
		城市建设维护税
		教育费附加

2. 1989 年建筑安装工程费用项目组成的特点

（1）增加了税金项目

当年，为适应基本建设管理体制改革的深化，推行工程建设招标承包制，充分发挥市场竞争机制的要求，增加了营业税、城市建设维护税、教育费附加。

（2）将法定利润改为计划利润

为了充分发挥市场竞争机制，将法定利润改为计划利润。明确指出，计划利润率应为竞争性利润率，在编制设计任务书投资估算、初步设计概算、设计预算及招标工程标底时，可按规定的计划利润率计入工程造价。施工企业投标报价时，可依据本企业经营管理素质和市场供求情况，在规定的计划利润率范围内，自行确定本企业的利润水平。

2.4.7　1993 年颁发的建筑安装工程费用

1. 1993 年颁发的建筑安装工程费用组成内容

1993 年建设部、中国人民建设银行颁发《关于调整建筑安装工程费用项目组成的若干规定》（建标〔1993〕894 号）文件规定建筑安装工程费用项目组成见表 2-5。

建标〔1993〕894 号文的建筑安装工程费用项目组成　　　　　表 2-5

序号	费用	组成内容
1	直接工程费	人工费
		材料费
		施工机械使用费
		其他直接费
		现场经费
2	间接费	企业管理费
		财务费
		其他费用
3	计划利润	计划利润
4	税金	营业税
		城市建设维护税
		教育费附加

2. 1993 年建筑安装工程费用项目组成的特点

（1）符合了建设社会主义市场经济体制的要求

1992 年党的十四大提出了建立社会主义市场经济体制的要求。

为适应建立社会主义市场经济体制的需要，转变政府职能，促进企业转换经营机制，创造公平竞争的市场环境，参照新的财务制度及国际惯例，1993 年颁发了新的建筑安装工程费用组成。

（2）制定其他直接费、现场经费、间接费的指导性费率

提出其他直接费、现场经费、间接费开支水平因工程规模、技术难易、施工场地、工期长短及企业资质等级等条件而异，分别制定具有上下限幅度的指导性费率，供确定建设项目投资、编制招标工程标底和投标报价参考。这些费用逐步由企业根据工程情况自行确定报价。

2.4.8 2003 年颁发的建筑安装工程费用

1.2003 年颁发的建筑安装工程费用组成内容

2003 年建设部、财政部颁发《建筑安装工程费用项目组成》（建标〔2003〕206 号）文件规定建筑安装工程费用项目组成见表 2-6。

建标〔2003〕206 号文建筑安装工程费用项目组成 表 2-6

序号	费用	组成内容	
1	直接费	直接工程费	人工费
			材料费
			施工机械使用费
		措施费	环境保护费
			文明施工费
			安全施工费
			临时设施费
			夜间施工费
			脚手架费
			……
2	间接费	规费	工程排污费
			社会保障费
			住房公积金
			危险作业意外伤害保险
			工程定额测定费
		企业管理费	管理人员工资
			办公费
			差旅交通费
			……
3	利润	利润	
4	税金	营业税	
		城市建设维护税	
		教育费附加	

2. 2003 年建筑安装工程费用项目组成的特点

（1）直接工程费改为直接费

1993 年费用划分规定建筑安装工程造价由直接工程费、间接费、计划利润和税金组成；2003 年费用划分规定将直接工程费改为了直接费。

（2）将计划利润改为利润

2003 年的费用划分将 1993 年的"计划利润"改为"利润"。这充分反映了社会主义市场经济体制建设对工程造价费用改革的需要。

2.4.9 2013 年颁发的建筑安装工程费用

1. 2013 年颁发的建筑安装工程费用组成内容

住房和城乡建设部、财政部 2013 年颁发《建筑安装工程费用项目组成》（建标〔2013〕44 号）文规定建筑安装工程费用项目组成见表2-7。

序号	费 用	组成内容
1	分部分项工程费	人工费
		材料费
		施工机具使用费
		企业管理费
		利润
2	措施项目费	单价措施项目费
		总价措施项目费
3	其他项目费	暂列金额
		计日工
		总承包服务费
4	规费	社会保险费
		住房公积金
		工程排污费
5	税金	营业税
		城市建设维护税
		教育费附加
		地方教育附加

2. 2013 年建筑安装工程费用项目组成的特点

（1）根据《建设工程工程量清单计价规范》GB 50500—2013 的规定确定了建筑安装工程费用划分

首先是建标〔2013〕44 号文的颁发晚于 2013 年《建设工程工程量清单计价规范》GB 50500—2013 的颁发；其次是建标〔2013〕44 号文的建筑安装工程费用组成的划分与2013 年的清单计价规范基本一致。所以，44 号文的费用划分是依据 2013 年的清单计价规范费用划分的内容确定的。

（2）增加了地方教育附加税费

建标 2013 年 44 号文件费用组成与 2003 年费用划分组成相比，增加了"地方教育附加"税的项目。财政部 2010 年发布了《关于统一地方教育附加政策有关问题的通知》，规定地方教育附加征收按实际缴纳的增值税、营业税和消费税税额的 2％计取。

2.4.10　2016 年"营改增"后建筑安装工程费用

中华人民共和国财政部与国家税务局 2016 年颁发了《关于全面推开营业税该增值税试点的通知》财税〔2016〕36 号文规定，建筑业从 2016 年 5 月 1 日起全面实施营业税改增值税。

营改增后建筑安装工程费用组成见表2-8。

建标〔2013〕44号文及财税〔2016〕36号文建筑安装工程费用项目组成　　表 2-8

序号	费用	组成内容	说明
1	分部分项工程费	人工费	
		材料费	
		施工机具使用费	
		企业管理费（含城市建设维护费、教育费附加、地方教育附加）	
		利润	
2	措施项目费	单价措施项目费	各费用均以不包含增值税可抵扣进项税额的价格计算
		总价措施项目费	
3	其他项目费	暂列金额	
		计日工	
		总承包服务费	
4	规费	社会保险费	
		住房公积金	
		工程排污费	
5	税前造价	序1+序2+序3+序4	
6	增值税税金	序5×11%	建筑业增值税率

2.5　工程造价费用计算程序设计

工程造价费用计算程序是指根据商品经济规律和国家法律法规及有关规定，计算建筑安装产品造价有规律的步骤。

2.5.1　设计原则

1. 按国家有关规定确定工程造价费用项目的原则

工程造价费用项目，必须根据国家法律法规和行业规定确定。例如，根据《中华人民共和国税法》《中华人民共和国营业税暂行条例》《中华人民共和国城市维护建设税暂行条例》《国务院关于修改〈住房公积金管理条例〉的决定》，确定工程造价中应计取的营业税、城市维护建设税和住房公积金项目。

2. 按行业规范规定确定工程造价费用项目的原则

《建设工程工程量清单计价规范》GB 50500—2013 和建标〔2013〕44号文规定了建筑安装工程费用项目的组成。各行业和省市自治区必须按该规定设计工程造价费用计算的程序。

例如，建筑安装工程可以根据施工现场场地是否狭窄等情况，计取材料二次搬运费。

电力建设行业规定反映了自身的特点。例如，《电网工程建设预算编制与计算标准》规定了可以计算通信设施防送电线路干扰措施费。通信设施防送电线路干扰措施费是指拟建送电线路与现有通信线路交叉或平行时，为消除干扰影响，对通信线迁移或加装保护设施所发生的费用。

2.5.2 工程造价费用计算程序设计的三要素

1. 工程造价费用计算程序的三要素

费用项目、费用计算基础、费率是工程造价费用计算程序的三要素。

2. 费用项目

费用项目要按照国家有关规定确定。每一个时期规定的项目都不一样。例如，住房和城乡建设部与财政部共同颁发的计标〔2013〕44 号《建筑安装工程费用项目组成》文件，就规定了 2013 年以后，建筑安装造价就要按此费用划分计算。

3. 费用计算基础

工程造价各项费用计算基础一般可以选择以下三种方法中的一种。

以直接费为计算基础；以人工费为计算基础；以人工费加机械费之和为计算基础。

4. 费率

当费用项目和计算基础确定后，还要确定对应费用项目的费率。一般情况下，费用项目的费率是由工程造价行政主管部门发文规定。

2.5.3 工程造价费用构成设计原则

从上述我国历年颁发的"建筑安装工程费用项目组成"内容中可以看出，费用内容都出现了人工费、材料费、机械费、管理费、利润、税金（1985 年的除外）等费用。历年颁发的费用虽然不同，有时还差别很大，但从理论上讲，这些费用从不同角度都可以归纳为 $C+V+m$，或归纳为直接费＋间接费＋利润＋税金。

1. 反映工程成本的原则

成本等于直接费加间接费理论是工程造价费用构成设计的基础。所以，反映工程成本的原则是设计工程造价费用构成的基本要求。

2. 客观反映工程建设中费用发生的原则

在不同时期，工程造价费用构成需要反映实际工程建设中发生的合理费用。

例如，按照我国社会主义市场经济体制建设要求，1993 年颁发的"建筑安装工程费用项目组成"增加了"税金"的内容；又如，为了执行 1999 年 1 月国务院令第 259 号《社会保险费征缴暂行条例》，2003 年颁发的"建筑安装工程费用项目组成"增加了"社会保障费"的内容；还有，根据财政部、国家发展和改革委员会《关于公布取消和停止征收 100 项行政事业性收费项目的通知》（财综〔2008〕78 号）中的规定，2013 年颁发的"建筑安装工程费用项目组成"取消了"工程定额测定费"的费用项目等。有依据地客观反映工程建设中发生费用的原则是增加或减少"建筑安装工程费用项目组成"项目的基本原则。

3. 社会主义市场经济体制建设进程需要的设计原则

2013 年颁发的"建筑安装工程费用项目组成"完全颠覆了我国传统的建筑安装工程费用项目组成划分的方法。该方法将建筑安装工程费用划分为分部分项工程费、措施项目费、其他项目费、规费和税金 5 个部分组成。

该设计是反映了与 2013 年《建设工程工程量清单计价规范》GB 50500—2013 费用划分内容全面接轨的思路，从按费用构成要素划分以及按造价形成划分的角度以及反映现行建设工程投标报价和工程结算方法统一编制的基础上，科学地划分了"建筑安装工程费用项目组成"内容。"营改增"后工程造价费用划分也是社会主义市场经济体制建设的需要。

按照实事求是反映改革进程的思想来划分"建筑安装工程费用项目组成"内容的设计原则，是社会主义市场经济体制建设进程需要，在工程造价领域的客观反映。该费用划分也可以从理论上归纳为直接费、间接费、利润、税金之和。费用划分对比分析见表2-9。

工程造价费用项目划分对比分析　　　　　　　　　　　　表 2-9

2013清单计价规范造价费用		工程造价理论费用	营改增后造价费用	
分部分项工程费	人工费	直接费	人工费	分部分项工程费
	材料费		材料费	
	施工机具使用费		施工机具使用费	
	企业管理费	间接费	企业管理费	
	—	税金	城市建设维护费、教育费附加、地方教育附加	
	利润	利润	利润	
单价措施项目费	人工费	直接费	人工费	单价措施项目费
	材料费		材料费	
	施工机具使用费		施工机具使用费	
	企业管理费	间接费	企业管理费	
	利润	利润	利润	
总价措施项目费	安全文明施工费	间接费	安全文明施工费	总价措施项目费
	夜间施工增加费		夜间施工增加费	
	二次搬运费		二次搬运费	
	冬雨季施工增加费		冬雨季施工增加费	
其他项目费	暂列金额	直接费	暂列金额	其他项目费
	计日工	间接费	计日工	
	暂估价	利润	暂估价	
	总承包服务费	间接费	总承包服务费	
规费	社会保险费	间接费	社会保险费	规费
	住房公积金		住房公积金	
	工程排污费		工程排污费	
税金	营业税、城市维护建设税、教育费附加、地方教育附加	税金	增值税	税金

2.5.4　工程造价费用项目确定要素

确定工程造价费用项目主要有两个方面的规定。一是国家法律法规对工程造价费用项目的规定，如营业税、养老保险费等项目；二是省市自治区根据国家有关规范规定的工程造价费用项目确定费率和计算基础，例如企业管理费、安全文明费等项目的费率和取费基础。

1. 税金项目

税金项目及计算方法由国家法律法规确定。包括营业税、城市维护建设税、教育费附加、地方教育附加等。

（1）营业税

《中华人民共和国营业税暂行条例》（2008年11月国务院第34次常务会议修订通过）第一条规定："在中华人民共和国境内提供本条例规定的劳务、转让无形资产或者销售不动产的单位和个人，为营业税的纳税人，应当依照本条例缴纳营业税。"

第四条规定的纳税额计算公式：

$$应纳税额＝营业额×税率$$

附录营业税税率表规定：建筑业营业税率为3%。

（2）城市维护建设税

《中华人民共和国城市维护建设税暂行条例》（国发［1985］19号）第三条规定："城市维护建设税，以纳税人实际缴纳的消费税、增值税、营业税税额为计税依据，分别与产品税、增值税、营业税同时缴纳。"

第四条规定的城市维护建设税税率如下："纳税人所在地在市区的，税率为百分之七；纳税人所在地在县城、镇的，税率为百分之五；纳税人所在地不在市区、县城或镇的，税率为百分之一。"

（3）教育费附加

国务院关于修改《征收教育费附加的暂行规定》的决定（2005年第448号令）修改第三条后规定："教育费附加，以各单位和个人实际缴纳的增值税、营业税、消费税的税额为计征依据，教育费附加率为3%，分别与增值税、营业税、消费税同时缴纳。"

（4）地方教育附加

财政部《关于统一地方教育附加政策有关问题的通知》（财综［2010］98号）第二条规定："地方教育附加征收标准统一为单位和个人（包括外商投资企业、外国企业及外籍个人）实际缴纳的增值税、营业税和消费税税额的2%。"

2. 住房公积金和社会保险项目

住房公积金和社会保险项目由国家法律法规规定。主要包括住房公积金、失业保险、医疗保险、养老保险、生育保险、工伤保险等。

（1）住房公积金

《国务院关于修改〈住房公积金管理条例〉的决定》（2002年国务院令第350号）规定，职工和单位住房公积金的缴存比例均不得低于职工上一年度月平均工资的5%。

（2）失业保险

国务院《失业保险条例》（国务院令1999年第258号）规定，城镇企业事业单位按照本单位工资总额的百分之二缴纳失业保险费。城镇企业事业单位职工按照本人工资的百分之一缴纳失业保险费。

（3）医疗保险

国务院1998年颁发《国务院关于建立城镇职工基本医疗保险制度的决定》规定："基本医疗保险费由用人单位和职工共同缴纳。用人单位缴费率应控制在职工工资总额的6%左右，职工缴费率一般为本人工资收入的2%。随着经济发展，用人单位和职工缴费率可作相应调整。"

（4）养老保险

《中华人民共和国社会保险法》（2010年颁发国家主席令第三十五号令）第十一条规定："基本养老保险实行社会统筹与个人账户相结合。基本养老保险基金由用人单位和个人缴费以及政府补贴等组成"。第十二条规定："用人单位应当按照国家规定的本单位职工工资总额的比例缴纳基本养老保险费，记入基本养老保险统筹基金。职工应当按照国家规定的本人工资的比例缴纳基本养老保险费，记入个人账户。"

（5）生育保险

《社会保险费征缴暂行条例》国务院1999年颁发第259号令第二十九条规定："省、自治区、直辖市人民政府根据本地实际情况，可以决定本条例适用于行政区域内工伤保险费和生育保险费的征收、缴纳。"

第五十三条规定："职工应当参加生育保险，由用人单位按照国家规定缴纳生育保险费，职工不缴纳生育保险费。"

生育保险费的提取比例由当地政府根据计划内生育人数和生育津贴、生育医疗费等项费用确定，并可根据费用支出情况适时调整，但最高不得超过工资总额的1%。

（6）工伤保险

《社会保险费征缴暂行条例》第三十三条规定："职工应当参加工伤保险，由用人单位缴纳工伤保险费，职工不缴纳工伤保险费"。

第三十四条规定："国家根据不同行业的工伤风险程度确定行业的差别费率，并根据使用工伤保险基金、工伤发生率等情况在每个行业内确定费率档次。行业差别费率和行业内费率档次由国务院社会保险行政部门制定，报国务院批准后公布施行。"

工伤保险缴费费率按照本法第三十四条的规定来确定。全国各行业工伤保险的费率幅度为0.5%～2.0%，原则上控制在1%左右。

社会保险经办机构根据用人单位使用工伤保险基金、工伤发生率和所属行业费率档次等情况，确定用人单位缴费费率。

3. 企业管理费

企业管理费由各地区工程造价行政主管部门确定取费基础和费率。例如，某地区一类建筑工程的企业管理费计算方法是：该工程的定额人工费乘以38%的企业管理费费率。

4. 措施项目费

措施项目费包括单价措施项目费和总价措施项目费。

（1）单价措施项目费

单价措施项目费主要包括模板安拆费、脚手架费、垂直运输费等。单价措施项目费是通过计算措施项目工程量后套用预算（计价）定额后分析计算的。

（2）总价措施项目费

总价措施项目主要包括安全施工费、文明施工费、临时设施费、冬雨季施工增加费等。

总价措施项目计算规定由地区工程造价行政主管部门颁发。例如某省安全施工费的计算方法是：某工程的分部分项工程量清单项目定额人工费总和乘以费率6.5%。

2.5.5　费用计算基础确定要素

工程造价各项费用计算基础一般可以选择三种中的一个或几个。一是以直接费为计算基础；二是以人工费为计算基础；三是以人工费加机械费之和为计算基础。

以什么为基础计算各项费用，与下列两个问题有直接关系：一是选择具有相对稳定性的数据为计算基础；二是计算基础与所计算的费用有关联性。

我们知道，不管是什么计价方式下，计算间接费对同一工程而言，不管是甲承包商还是乙承包商承包工程，其费用总量应该是基本一致的；一个装饰工程不管是采用高档或低档装修材料，其企业管理费应该是基本相同的。因此，费用项目的取费基数应具有稳定性的特性。

计算基础稳定性分析如下：

当采用定额基价计算直接费时，因为定额基价是固定不变的，所以，定额直接费具有相对稳定性。体现出了不管是哪个单位施工；哪个时候施工；在哪个地点施工；都具有相对稳定性。

由于建筑装饰工程或安装工程采用的装饰或安装材料变化较大，因而其材料费的变化也很大，所以不能以包含材料费在内的直接费为基础计算各项费用。这时，采用定额人工费为基础计算各项费用具有相对稳定性。

费用计算基础及关联性是指该项费用与计算基础的内容有关。例如，管理人员的工资与所管理的人数量多少有关。当被管理的人增加了，管理人员也需要增加。所以，管理费中的管理人员工资与人工费有关，这种关联性就可以按人工费为基础计算企业管理费；又如，工程排污费与采用的工程材料和施工工艺有关。例如，当设计为水磨石地面时，施工中就会产生水磨石浆的排污费用，所以，该项费用可以按材料费为基础计算。

2.5.6　费率确定要素

当费用项目和计算基础确定后，还要确定对应费用项目的费率。一般情况下，费用项目的费率是采用统计的方法来确定的。

1. 企业管理费费率

（1）以分部分项工程费为计算基础

$$企业管理费费率(\%)=\frac{生产工人年平均管理费}{年有效施工天数×人工单价}×人工费占分部分项工程费比例(\%)$$

（2）以人工费和机械费合计为计算基础

$$企业管理费费率(\%)=\frac{生产工人年平均管理费}{年有效施工天数×(人工单价+每一工日机械使用费)}×100\%$$

（3）以人工费为计算基础

$$企业管理费费率(\%)=\frac{生产工人年平均管理费}{年有效施工天数×人工单价}×100\%$$

工程造价管理机构在确定计价定额中企业管理费时，应以定额人工费或（定额人工费＋定额机械费）作为计算基数，其费率根据历年工程造价积累的资料，辅以调查数据确定，列入分部分项工程和措施项目中。

2. 环境保护费费率的确定

$$环境保护费＝定额直接费×环境保护费费率(\%)$$

$$环境保护费费率(\%)=\frac{本项费用年度平均支出}{全年建安产值×定额直接费占总造价比例(\%)}×100\%$$

3. 利润率确定

(1) 施工企业根据企业自身需求并结合建筑市场实际自主确定，列入报价中。

(2) 工程造价管理机构在确定计价定额中利润时，应以定额人工费或（定额人工费＋定额机械费）作为计算基数，其费率根据历年工程造价积累的资料，并结合建筑市场实际情况确定，以单位（单项）工程测算，利润在税前建筑安装工程费的比重可按不低于 5% 且不高于 7% 的费率计算。利润应列入分部分项工程和措施项目中。

4. 社会保险费和住房公积金费率确定

社会保险费和住房公积金应以定额人工费为计算基础，根据工程所在地省、自治区、直辖市或行业建设主管部门规定费率计算。

$$社会保险费和住房公积金＝\Sigma(工程定额人工费×社会保险费和住房公积金费率)$$

式中，社会保险费和住房公积金费率可以按每万元发承包价的生产工人人工费和管理人员工资含量与工程所在地规定的缴纳标准综合分析取定。

5. 工程排污费费率确定

工程排污费等其他应列而未列入的规费应按工程所在地环境保护等部门规定的标准（费率）计算缴纳。

2.5.7 建筑产品的特性

建筑产品具有产品生产的单件性、建设地点的固定性、施工生产的流动性等特点。这些特点是形成建筑产品必须通过编制施工图预算或编制工程量清单报价确定工程造价的根本原因。

1. 产品生产的单件性

建筑产品的单件性是指每个建筑产品都具有特定的功能和用途，在建筑物的造型、结构、尺寸、设备配置和内外装修等方面都有不同的具体要求。即使用途完全相同的工程项目，在建筑等级、基础工程等方面都可能会不一样。可以这么说，在实践中找不到两个完全相同的建筑产品。因而，建筑产品的单件性使建筑物在实物形态上千差万别，各不相同。

2. 建设地点的固定性

建设地点的固定性是指建筑产品的生产和使用必须固定在某一个地点，不能随意移动。建筑产品固定性的客观事实，使得建筑物的结构和造型受到当地自然气候、地质、水文、地形等因素的影响和制约，使得功能相同的建筑物在实物形态上仍有较大的差别，从而使每个建筑产品的工程造价各不相同。

3. 施工生产的流动性

建筑产品的固定性是产生施工生产流动性的根本原因。因为建筑物固定了，施工队伍就流动了。流动性是指施工企业必须在不同的建设地点组织施工、建造房屋。

由于每个建设地点离施工单位基地的距离不同、资源条件不同、运输条件不同、工资水平不同等，都会影响建筑产品的造价。

2.5.8 确定工程造价的重要基础

建筑产品的三大特性，决定了其在价格要素上千差万别的特点。这种差别形成了制定统一建筑产品价格的障碍，给建筑产品定价带来了困难，通常工业产品的定价方法已经不适用于建筑产品的定价。

当前，建筑产品价格主要有两种表现形式：一是政府指导价，二是市场竞争价。施工图预算确定的工程造价属于政府指导价；编制工程量清单报价投标通过确定的承包价，属于市场竞争价。但是，在实际操作中，市场竞争价也是以施工图预算编制方法为基础确定的。所以，编制施工图预算确定工程造价的方法必须掌握。

产品定价的基本规律除了价值规律外，还应该有两条，一是通过市场竞争形成价格，二是同类产品的价格水平应该保持一致。

对于建筑产品来说，价格水平一致性的要求和建筑产品单件性的差别特性是一对需要解决的矛盾，因为我们无法做到以一个建筑物为对象来整体定价而达到保持价格水平一致的要求。通过长期实践和探讨，人们找到了用编制施工图预算或编制工程量清单报价确定产品价格的方法来解决价格水平一致性的问题。因此，施工图预算或编制工程量清单报价是确定建筑产品价格的特殊方法。

将复杂的建筑工程分解为具有共性的基本构造要素——分项工程；编制单位分项工程人工、材料、机械台班消耗量及货币量的消耗量定额（预算定额），是确定建筑工程造价的重要基础。

1. 建设项目的划分

基本建设项目按照合理确定工程造价和基本建设管理工作的要求，划分为建设项目、单项工程、单位工程、分部工程、分项工程五个层次。

（1）建设项目

建设项目一般是指在一个总体设计范围内，由一个或几个工程项目组成，经济上实行独立核算，行政上实行独立管理，并且具有法人资格的建设单位。

（2）单项工程

单项工程又称工程项目，是建设项目的组成部分，是指具有独立设计文件，竣工后可以独立发挥生产能力或使用效益的工程。例：一个工厂的生产车间、仓库；学校的教学楼、图书馆等分别都是一个单项工程。

（3）单位工程

单位工程是单项工程的组成部分。单位工程是指具有独立的设计文件，能单独施工，但建成后不能独立发挥生产能力或使用效益的工程。例：一个生产车间的土建工程、电气照明工程、给水排水工程、机械设备安装工程、电气设备安装工程等分别是一个单位工程，他们是生产车间这个单项工程的组成部分。

（4）分部工程

分部工程是单位工程的组成部分。分部工程一般按工种工程来划分，例如土建单位工程划分为土石方工程、砌筑工程、脚手架工程、钢筋混凝土工程、木结构工程、金属结构工程、装饰工程等。分部工程也可按单位工程的构成部分来划分，例如土建单位工程也可分为基础工程、墙体工程、梁柱工程、楼地面工程、门窗工程、屋面工程等。建筑工程预算定额综合了上述两种方法来划分分部工程。

（5）分项工程

分项工程是分部工程的组成部分。按照分部工作划分的方法，可再将分部工程划分为若干个分项工程。例如，基础工程还可以划分为基槽开挖、基础垫层、基础砌筑、基础防潮层、基槽回填土、土方运输等分项工程。

分项工程是建筑工程的基本构造要素。通常，把这一基本构造要素称为"假定建筑产品"。假定建筑产品虽然没有独立存在的意义，但是这一概念在工程造价确定、计划统计、建筑施工及管理、工程成本核算等方面都是十分重要的概念。

建设项目划分示意图见图 2-2。

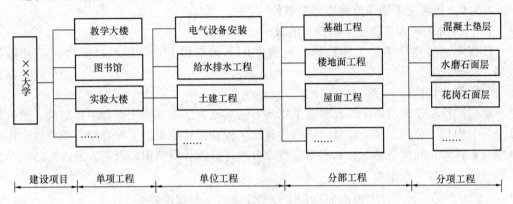

图 2-2　建设项目划分示意图

2. 确定工程造价的基本前提

（1）建筑产品的共同要素——分项工程

建筑产品是结构复杂、体型庞大的工程，要对这样一类完整产品进行统一定价，不太容易办到，这就需要按照一定的规则，将建筑产品进行合理分解，层层分解到构成完整建筑产品的共同要素——分项工程为止，才能实现对建筑产品定价的目的。

从建设项目划分的内容来看，将单位工程按结构构造部位和工程工种来划分，可以分解为若干个分部工程。但是，从对建筑产品定价要求来看，仍然不能满足要求。因为以分部工程为对象定价，其影响因素较多。例如，同样是砖墙，构造可能不同，如实砌墙或空花墙，材料也可能不同，如标准砖或灰砂砖，受这些因素影响，其人工、材料消耗的差别较大。所以，还必须按照不同的构造、材料等要求，将分部工程分解为更为简单的组成部分——分项工程。例如，M5 混合砂浆砌 240mm 厚灰砂砖墙，现浇 C20 钢筋混凝土圈梁等。

分项工程是经过逐步分解的能够用较为简单的施工过程生产出来的，可以用适当计量单位计算的工程基本构造要素。

（2）单位分项工程的消耗量标准——预算定额（消耗量定额）

将建筑工程层层分解后，就能采用一定的方法，编制出单位分项工程的人工、材料、机械台班消耗量标准——预算定额。

虽然不同的建筑工程由不同的分项工程项目和不同的工程量构成，但是有了预算定额（消耗量定额）后，就可以计算出价格水平基本一致的工程造价。这是因为预算定额（消耗量定额）确定的每一单位分项工程的人工、材料、机械台班消耗量起到了统一建筑产品劳动消耗水平的作用，从而使我们能够对千差万别的各建筑工程不同的工程数量，计算出符合统一价格水平的工程造价。

例如，甲工程砖基础工程量为 $68.56m^3$，乙工程砖基础工程量为 $205.66m^3$，虽然工程量不同，但使用统一的预算定额（消耗量定额）后，他们的人工、材料、机械台班消耗量水平（单位消耗量）是一致的。

如果在预算定额（消耗量定额）消耗量的基础上再考虑价格因素，用货币反映定额基价，那么就可以计算出直接费、间接费、利润和税金，而后就能算出整个建筑产品的工程造价。

2.5.9 传统施工图预算确定工程造价

1. 传统施工图预算确定工程造价的数学模型

传统施工图预算确定工程造价，一般采用下列三种方法，因此也需构建三种数学模型。

（1）单位估价法

单位估价法是编制施工图预算常采用的方法。该方法根据施工图和预算定额，通过计算分项工程量、分项直接工程费，将分项直接工程费汇总成单位工程直接工程费后，再根据措施费费率、间接费费率、利润率、税率分别计算出各项费用和税金，最后汇总成单位工程造价。其数学模型如下：

$$工程造价＝直接费＋间接费＋利润＋税金$$

即：

$$
\begin{aligned}
\text{以直接费为取费} \atop \text{基础的工程造价} = \Big[& \sum_{i=1}^{n}(\text{分项工程量} \times \text{定额基价})_i \\
& \times (1＋\text{措施费费率}＋\text{间接费费率}＋\text{利润率})\Big] \\
& \times (1＋\text{税率})
\end{aligned}
$$

$$
\begin{aligned}
\text{以人工费为取费} \atop \text{基础的工程造价} = \Big[& \sum_{i=1}^{n}(\text{分项工程量} \times \text{定额基价})_i \\
& ＋\sum_{i=1}^{n}(\text{分项工程量} \times \text{定额基价中人工费})_i \\
& \times (1＋\text{措施费费率}＋\text{间接费费率}＋\text{利润率})\Big] \\
& \times (1＋\text{税率})
\end{aligned}
$$

（2）实物金额法

当预算定额中只有人工、材料、机械台班消耗量，而没有定额基价的货币量时，我们可以采用实物金额法来计算工程造价。

实物金额法的基本做法是，先算出分项工程的人工、材料、机械台班消耗量，然后汇总成单位工程的人工、材料、机械台班消耗量，再将这些消耗量分别乘以各自的单价，最后汇总成单位工程直接费。后面各项费用的计算同单位估价法。其数学模型如下：

$$工程造价＝直接费＋间接费＋利润＋税金$$

即：

$$
\begin{aligned}
\text{以直接费为取费} \atop \text{基础的工程造价} = \Big\{ \Big[& \sum_{i=1}^{n}(\text{分项工程量} \times \text{定额用工量})_i \\
& \times \text{工日单价}＋\sum_{j=1}^{m}(\text{分项工程量} \times \text{定额材料用量})_j
\end{aligned}
$$

$$\times 材料单价 + \sum_{k=1}^{p} (分项工程量 \times 定额机械台班量)_k$$

$$\times 台班单价\Big] \times (1+措施费费率+间接费费率+利润率)\Big\}$$

$$\times (1+税率)$$

$$\begin{aligned}以人工费为取费\\基础的工程造价\end{aligned} = \Big[\sum_{i=1}^{n} (分项工程量 \times 定额用工量价)_i \times 工日单价$$

$$\times (1+措施费费率+间接费费率+利润率)$$

$$+ \sum_{j=1}^{m} (分项工程量 \times 定额材料用量)_j$$

$$\times 材料单价 + \sum_{k=1}^{p} (分项工程量 \times 定额机械台班量)_k$$

$$\times 台班单价\Big] \times (1+税率)$$

(3) 分项工程完全单价计算法

分项工程完全单价计算法的特点是，以分项工程为对象计算工程造价，再将分项工程造价汇总成单位工程造价。该方法从形式上类似于工程量清单计价法，但又有本质上的区别。

分项工程完全单价计算法的数学模型为：

$$\begin{aligned}以直接费为取费\\基础计算工程造价\end{aligned} = \sum_{i=1}^{n} \big[(分项工程量 \times 定额基价)$$

$$\times (1+措施费费率+间接费费率+利润率)$$

$$\times (1+税率) \big]_i$$

$$\begin{aligned}以人工费为取费\\基础计算工程造价\end{aligned} = \sum_{i=1}^{n} \{ \big[(分项工程量 \times 定额基价) + (分项工程量$$

$$\times 定额用工量 \times 工日单价) \times (1+措施费费率$$

$$+间接费费率+利润率) \big] \times (1+税率) \}_i$$

2. 传统施工图预算的编制依据

(1) 施工图

是计算工程量和套用预算定额的依据。广义地讲，施工图除了施工蓝图外，还包括标准施工图、图纸会审纪要和设计变更等资料。

(2) 施工组织设计或施工方案

施工组织设计或施工方案是编制施工图预算过程中，计算工程量和套用预算定额时，确定土方类别、基础工作面大小、构件运输距离及运输方式等的依据。

(3) 预算（计价）定额

是确定分项工程项目、计量单位，计算分项工程量、分项工程直接费和人工、材料、机械台班消耗量的依据。

(4) 地区材料价格

地区材料价格或材料单价是计算材料费和调整材料价差的依据。

(5) 费用定额和税率

费用定额包括措施费、间接费、利润和税金的计算基础和费率、税率的规定。

（6）施工合同

是确定收取哪些费用，按多少收取的依据。

3. 传统施工图预算的编制内容

施工图预算编制的主要内容包括：

（1）列出分项工程项目，简称列项。

（2）计算出分项工程工程量。

（3）套用预算定额及定额基价换算。

（4）工料分析及汇总。

（5）计算直接费。

（6）材料价差调整。

（7）计算间接费。

（8）计算利润。

（9）计算税金。

（10）汇总为工程造价。

4. 传统施工图预算的编制程序

按单位估价法编制施工图预算的程序见图 2-3。

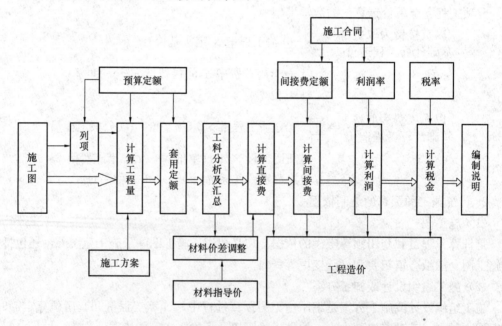

图 2-3　施工图预算编制程序示意图（单位估价法）

2.5.10　按 44 号文件及营改增后费用划分确定施工图预算工程造价

1. 按 44 号文件及营改增后费用划分确定施工图预算工程造价的数学模型

工程预算造价＝分部分项工程费＋措施项目费＋其他项目费＋规费＋税金

其中：分部分项工程费 $=\sum\limits_{i=1}^{n}$（分部分项工程量×定额基价＋分部分项工程量

$$\times 定额人工单价)_i$$
$$措施项目费＝单价措施项目＋总价措施项目$$

其中：单价措施项目费 $=\sum\limits_{i=1}^{n}($ 措施项目工程量 $\times$ 定额基价 $＋$ 措施项目工程量
$$\times 定额人工单价)_i$$

$$总价措施项目 =\sum\limits_{i=1}^{n}(定额人工费 \times 费率)_i$$

其他项目费＝暂列金额＋暂估工程＋计日工＋总承包服务费

其中：暂列金额＝招标工程量清单确定

暂估工程＝招标工程量清单确定

计日工＝工日数×人工单价＋材料量×材料单价＋机械台班
$$\times 台班单价＋管理费和利润$$

规费＝社会保险费＋住房公积金＋工程排污费

其中：社会保险费＝（分部分项工程定额直接费＋单价措施项目定额直接费）
$$\times 费率$$

住房公积金＝（分部分项工程定额直接费＋单价措施项目定额直接费）×费率

工程排污费＝按地区环保部门规定计取

增值税＝（分部分项工程费＋措施项目费＋其他项目费＋规费）×增值税税率

2. 按 44 号文件及营改增后费用划分施工图预算的编制依据

按 44 号文件及营改增后费用划分施工图预算的编制依据同传统施工图预算编制依据。包括施工图、施工组织设计或施工方案、预算（计价）定额预算定额、地区人工、材料、机械台班单价、费用定额和税率、施工合同等。

3. 按 44 号文件费用划分施工图预算的编制内容

施工图预算编制的主要内容包括：

(1) 根据图纸和预算定额列出分部分项工程项目和单价措施项目，简称列项。

(2) 计算出分部分项工程、单价措施项目工程量。

(3) 套用预算定额及定额基价换算。

(4) 工料分析及汇总。

(5) 计算分部分项工程费。

(6) 计算间接费。

(7) 计算利润。

(8) 材料价差调整。

(9) 计算总价措施项目费。

(10) 计算其他项目费。

(11) 计算规费。

(12) 计算税金。

(13) 将分部分项工程费、措施项目费、其他项目费、规费、税金汇总为工程造价。

4. 按 44 号文件及营改增后费用划分施工图预算的编制程序

按单位估价法编制施工图预算的程序见图 2-4。

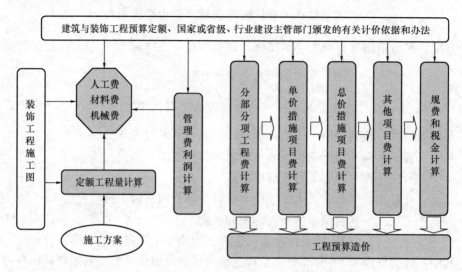

图 2-4　按 44 号文规定及营改增后施工图预算编制程序示意图

2.5.11　清单报价确定工程造价

按照《建设工程工程量清单计价规范》GB 50500—2013 的要求，清单报价确定工程造价的数学模型如下：

$$\begin{aligned}
\text{单价工程}\atop\text{工程造价} = &\left[\sum_{i=1}^{n}(\text{清单工程量}\times\text{综合单价})_i\right.\\
&\left.+\text{措施项目清单费}+\text{其他项目清单费}+\text{规费}\right]\\
&\times(1+\text{税率})
\end{aligned}$$

其中：

$$\begin{aligned}
\text{综合单价} = &\left\{\left[\sum_{i=1}^{n}(\text{计价工程量}\times\text{人工消耗量}\times\text{人工单价})\right.\right.\\
&+\sum_{j=1}^{m}(\text{计价工程量}\times\text{材料消耗量}\times\text{材料单价})_j\\
&\left.+\sum_{k=1}^{p}(\text{计价工程量}\times\text{机械台班消耗量}\times\text{台班单价})\right]_k\\
&\left.\times(1+\text{管理费率}+\text{利润率})\right\}\div\text{清单工程量}
\end{aligned}$$

上述清单报价确定工程造价的数学模型反映了编制报价的本质特征，同时也反映了编制清单报价的步骤与方法，这些内容可以通过清单报价编制程序来表述，见图 2-5。

2.5.12　工程造价费用计算程序拟定

工程造价费用计价程序的三要素确定以后就可以拟定费用计算程序。

1. 费用项目确定

费用项目按建标 [2013] 44 号文件及营改增后规定确定。

2. 取费基础确定

企业管理费的取费基础为"分部分项工程定额人工费"。

利润的取费基础为"分部分项工程定额人工费"。

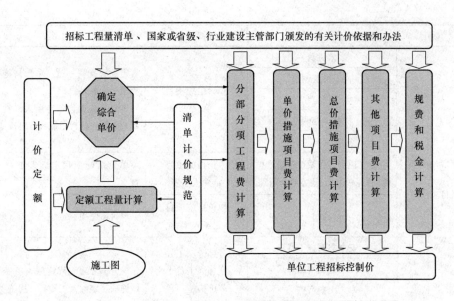

图 2-5　投标报价编制程序示意图

总价措施项目的取费基础为"分部分项工程定额人工费＋单价措施项目定额直接费"。

社会保险费项目的取费基础为"分部分项工程定额人工费＋单价措施项目定额直接费"。

住房公积金项目的取费基础为"分部分项工程定额人工费＋单价措施项目定额直接费"。

营改增后增值税的计算基础为税前不含增值税进项税的税前工程造价。

3. 费率确定

企业管理费费率、总价措施项目费费率、规范费率和利润率一般由省市自治区工程造价行政主管部门根据国家有关规定和本地区的实际情况确定。

税率是根据国家法律法规及相关规定确定的。

4. 工程造价费用计算程序拟定

根据建标〔2013〕44 号文件营改增后费用组成规定和某地区费用项目划分、计算基础的规定，确定的工程造价费用计算程序见表 2-10。

工程造价费用计算程序　　　　　　　　　　　　　　　　表 2-10

序号	费用项目		计算基础	计算式
1	分部分项工程费	人工费	直接费	定额直接费＝∑（分部分项工程量×定额基价） 工料价差调整＝定额人工费×调整系数＋∑（材料用量×材料价差）
		人工价差调整		
		材料费		
		材料价差调整		
		机械（具）费		
		企业管理费	定额人工费	定额人工费×间接费率
		利润	定额人工费	定额人工费×利润率

序号	费用项目			计算基础	计算式
2	措施项目费	单价措施项目	人工费	单价措施项目直接费	定额直接费＝∑（单价措施项目工程量×定额基价） 工料价差调整＝定额人工费×调整系数＋∑（材料用量×材料价差）
			人工价差调整		
			材料费		
			材料价差调整		
			机械（具）费		
			企业管理费（含城市建设维护税、教育费附加、地方教育附加）	单价措施项目定额人工费	单价措施项目定额人工费×间接费率
			利润	单价措施项目定额人工费	单价措施项目定额人工费×利润率
		总价措施	安全文明施工费	分部分项工程定额人工费＋单价措施项目定额人工费	（分部分项工程定额人工费＋单价措施项目定额人工费）×措施费率
			夜间施工增加费		
			二次搬运费		
			冬雨期施工增加费		
3	其他项目费	总承包服务费		分包工程造价	分包工程造价×费率
		暂列金额		根据招标工程量清单列出的项目计算	
		暂估价			
		计日工			
4	规费	社会保险费		分部分项工程定额人工费＋单价措施项目定额人工费	（分部分项工程定额人工费＋单价措施项目定额人工费）×费率
		住房公积金			
		工程排污费			
5	增值税税金	增值税		税前造价	税前造价×11％
工程造价＝序1＋序2＋序3＋序4＋序5					

说明：表中序1～序4各费用均以不包含增值税可抵扣进项税额的单价计算。

2.6　工程造价理论的经济学基础

2.6.1　价格的确定与实现

我们知道，价格是商品价值的货币表现。由于价格的基础是价值，所以需要简单了解商品的价值是如何确定的。

商品的价值量是由什么决定的呢？因为价值是凝结在商品中的人类抽象劳动。因此，价值量也就是由生产商品时所耗费的劳动量来决定。而劳动量是由劳动的自然尺度——劳动时间来计量的，所以价值量便决定于劳动时间，即商品的价值量与生产商品所花费的劳动时间成正比。

由于各种原因，生产同一种商品的各个生产者所实际花费的劳动时间，即个别劳动时间是不同的。能否以他们各自的个别劳动时间决定他们所生产商品的价值量呢？当然不能这样，因为这意味着鼓励落后和懒惰，阻碍生产力的发展。

因此，只能按生产商品的社会必要劳动时间来决定商品的价值量："社会必要劳动时间是在现有的社会正常的生产条件下，在社会平均的劳动熟练程度和劳动强度下制造某种使用价值所需要的劳动时间。"（《马克思恩格斯全集》第 23 卷，第 52 页）这里所说的"现有的社会正常的生产条件"，是指某一生产部门的劳动对象和劳动工具等客观条件，其中主要是劳动工具。这里所说的"平均的劳动熟练程度和劳动强度"，是指中等水平或部门平均水平的劳动熟练程度和强度。

社会必要劳动时间对商品生产者具有极其重要的意义。因为他们生产商品时所耗费的个别劳动时间，能否符合社会必要劳动时间，直接关系到他们在竞争中的成败得失。如果他的个别劳动时间与社会必要劳动时间相同，他的劳动耗费就能得到完全补偿；如果他的个别劳动时间大于社会必要劳动时间，他的劳动耗费就会有一部分得不到补偿，这样他在竞争中就会处于不利地位；如果他的个别劳动时间小于社会必要劳动的时间，则他不但能够补偿他的全部劳动花费，而且还可得到超额利润，这样他在竞争中就会处于有利地位。

生产商品的劳动有简单劳动和复杂劳动的区别。所谓简单劳动，是指那些事先不需要经过任何专门的训练和学习，每一个具有劳动能力的人都能从事的劳动。所谓复杂劳动，则是指那些需要经过专门学习和训练才能从事的劳动。

"复杂劳动是加倍的简单劳动"，从而复杂劳动所创造的价值量在同一时间内大于简单劳动所创造的价值量。因此，在确定不同种商品的价值量时，以简单劳动为标准，将复杂劳动化为简单劳动，从而确定其价值量。

2.6.2　价值规律

在商品经济条件下，影响和制约商品经济运动的规律有价值规律、供求规律、竞争规律、货币流通规律等，这些规律相互联系、相互影响，推动着商品经济的运动和发展。但在这许多的经济规律中，起着主要作用的是价值规律，价值规律是商品经济的基本规律，其他规律都是在它的基础上发挥作用。

价值规律的基本内容是：商品的价值量由生产商品的社会必要劳动时间决定，商品交换必须按照价值量相等的原则来进行。这表明价值规律既是价值如何决定的规律，也是价值如何实现的规律。

先看商品价值如何决定。我们知道，单位商品的价值量不是决定于生产该商品的个别劳动时间，而是决定于社会必要劳动时间。即在现有的生产条件下，在社会平均的劳动熟练程度和劳动强度下，制造某种使用价值所需要的劳动时间。同一部门内部生产同种商品的社会必要劳动时间，形成该种商品的社会价值，是部门内部的竞争和比较的结果。

例如，假定社会上生产某商品（预制过梁）的施工企业，有优等条件、中等条件和劣等条件三种情况，他们生产同一种单位商品的个别劳动时间分别是 2h、3h 和 4h，如果其中中等生产条件的企业代表社会正常的生产条件，具有社会平均的劳动熟练程度和劳动强度，因而它生产的单位商品所耗费的 3h 劳动，就是生产同种单位商品的社会必要劳动时间，它决定该种商品的社会价值量。

以此为标准，劣等条件企业生产同种商品的个别劳动时间为 4h，超过社会必要劳动时间 1h，超过的部分就不能为社会所承认，从而不能形成社会价值；优等条件企业生产同种商品的个别劳动时间仅 2h，低于社会必要劳动时间 1h，但社会承认这 2h 形成 3h 的社会价值，即同样的劳动时间形成更大的社会价值。

2.7 工程造价理论的价格学基础

货币出现后，一切商品的价值都由货币来衡量，即表现为价格。

价值是价格的基础，价格是价值的表现。从价格学的角度来理解价格与价值关系的。

2.7.1 商品价格的高低是商品价值量大小的反映

商品价值量是由生产商品的社会必要劳动时间决定的。

市场上的商品各种各样，生产各种商品的劳动的具体形式各不相同，但撇开劳动的具体形式，各种劳动都是人的体力和智力的消耗，因此它们可以用"劳动时间"作为同一尺度来衡量，复杂劳动可以折合为倍加的简单劳动，强度大的劳动可以折合为倍加的强度小的劳动。

2.7.2 商品价格受到劳动生产率高低的直接影响

在人类社会经济生活中，社会生产力是最活跃的因素，生产技术的提高，技术装备的改进，技术熟练程度的变化，时时刻刻都在发生。所谓现有，只是从理论上对于一个较长的相对稳定的时期的提法，其实社会生产从来不可能固定在某个水平不变。社会生产力的发展，必然带动劳动生产率的提高，但对于不同地区、不同部门和行业的商品生产者来说，劳动生产率提高的程度是不一样的。劳动生产率通常是指劳动的生产效率，一般是用在同一劳动时间内生产某种商品的数量来表示。商品的价值量是与劳动生产率呈反比例的。劳动生产率高，单位产品的价值量小；劳动生产率低，单位产品价值量大。

2.7.3 价格形成

商品价格以商品价值为基础，并且是通过货币来实现的，但货币怎样将商品的价值表现出来，确定下来，则是在市场交换过程中完成的。实际的商品价格，是在市场上，由商品的供给一方和需求一方互相制衡的过程中形成的。

货币从商品世界分离出来，充当一般等价物之后，商品使用价值和价值这对矛盾，便外化为商品与货币的矛盾。

商品一端代表着使用价值，即社会生产、商品供给方、卖方；而货币另一端则代表着价值，即社会消费、社会需求方、买方。

一件商品能与多少货币相交换，简单地说，价格多高，值多少钱，要由市场上的买卖双方来决定。从根本上说，商品供求是社会生产和社会消费的基本反映。

生产的目的是为了消费，而消费的满足要依赖于生产。人类的消费愿望是无穷尽的，社会生产力也不会永远停止在某个水平上，但社会生产力水平的高低，决定着消费需求能够满足的程度。这是因为相对于消费欲望的无穷，而满足消费的方式却是有限的。

随着人类社会生产力的发展，人类的消费需求也是不断变化的，生产力的提高，社会财富的积累，也使得人类在满足了基本的生存需求之后，有可能在比较高的消费层次表现出较大的选择性。马斯洛提出"需求层次"的理论，论证人们在满足了低层次的需求后，要向更高层次的需要提出要求，这样的趋势是符合社会生产发展和人们对商品的需求变化的。从这个角度讲，生产与消费的关系也就是供给与需求的关系。

2.7.4 价格的一般构成及其与价值构成的关系

1. 价格的一般构成

价格构成，是指形成商品价格的各个要素及其在价格中的组成状况。

商品价格的构成，就价格一般而论包括：生产成本、流通费用、利润和税金。可用公式表示如下：

$$商品价格＝生产成本＋流通费用＋利润＋税金$$

从上述四个构成因素我们可以看出，价格构成实际上是商品经济发展不同阶段上商品生产者和经营者在出售商品时的各种不同经济性质的补偿要求和利益要求的具体反映。

2. 价格构成与价值构成的关系

总地说来，商品价值构成是价格构成的基础，而商品价格构成则是价值构成的货币表现。商品价格构成中的生产成本和流通费用，大体正是商品价值构成中 $C+V$ 部分的货币表现。利润和税金，则大体上是商品价值构成中 m 部分的货币表现。

3. 制定价格的依据是产品的社会成本

从供给价格角度分析，其生产者供给价格构成中的成本应是社会成本而非各生产者的个别成本。

按照社会必要劳动耗费决定商品价值的原理，在制定商品价格时，只有以社会成本为定价依据，才能反映商品的社会价值，才能发挥价格作为衡量和表现社会劳动消耗统一尺度的作用。

诚然，生产者制定实际售价的主要依据是其个别成本，但他们以其个别成本为依据制定出来的价格水平只有在为市场所接受时，其售价才能得到最终确认，即其个别成本才能得到社会承认，产品价值才能最终实现。

而市场所接受或承认的价格水平则一般都是以全社会正常合理中等成本，亦即社会成本为基础制定的。商品生产中个别成本与社会成本的差别，反映了各生产者个别劳动耗费与社会劳动耗费的差别和矛盾，这种差别劳动和矛盾正是价值规律借以推动生产发展的内在动力。

市场运行中的商品价格以社会成本为基础而形成，使得生产或经营同种商品的不同企业的利润水平主要由企业个别成本水平的高低来决定。

如果企业的个别成本低于社会成本，企业便可能获得超额利润，如果高于社会成本，则可能无盈利甚至亏损。

因此，以社会成本为定价依据，就会使设备先进、经营管理好、劳动生产率高的企业获利。使设备陈旧、管理落后、效率低下的企业生产经营不下去，从而在客观上起到了鼓励先进，鞭策落后，促进设备更新改造，改善经营管理，进而推进整个社会经济发展的作用。

2.7.5 生产者价格构成中的利润和税金

生产者价格中的利润和税金，是劳动者在生产过程中为社会劳动所创造的价值（剩余价值）的货币表现，是商品价格超过生产成本的余额，即社会纯收益。它是企业生产经济效益好坏的重要标志。

1. 利润

利润是产品价格的组成部分。通常用利润率来计算，利润率可用利润占人工费总额的百分比即工资利润率来计算；可以按利润额占生产成本总额的百分比即成本利润率计算；也可用利润额占生产者售价的百分比即销售利润率计算；还可以用占资金百分比即资金利润率算。

目前建筑产品的利润一般是用工资利润率或成本利润率来计算的。

2. 税金

（1）税金的概念

税金是商品价格减去生产成本、流通费用和利润后的余额。

税金是价值中一部分货币的表现，是价格构成的要素之一，是国家按照税法规定对企业征收的一部分社会纯收入，是国家凭借政治权力参与国民收入分配和再分配的一种重要形式，是国家财政收入的主要来源。

（2）税金的特点

1）强制性

税金是国家以法律形式规定的，纳税人必须依法纳税，否则将依情节轻重受到法律制裁。

2）无偿性

国家征税后，税金就成为国家财政收入，用于国家建设，不再归还纳税人。

3）稳定性

这是指国家规定的税率一经确定，在一定时期内相对稳定。

（3）税金的分类

税金的种类很多，我们可以按不同的标准对其进行分类。

1）按课税对象划分

按课税对象，可以划分为对商品和劳动的流转额课税，对生产、经营者的所得额课税，对资源课税，对财产课税和对特定行为课税五大类。

2）按税收管理和享用权制划分

按税收管理和享用权制划分，可以分为中央税、地方税、中央与地方共享税三类。

3）按考察税种与价格的关系划分

按考察税种与价格的关系划分，可以把税金划分为价内税和价外税两类。

价外税是指不作为价格构成的独立因素而征课的税金，如企业所得税，个人所得税，对土地、财产及特定行为征收的税金等。它虽然不作为价格构成的独立因素，但包含在价格构成的其他因素（利润）之中，并与之相消长。因此，价外税体现着价格构成中某部分的再分配。

价内税是指作为价格构成的独立因素直接计入价格构成中去的税金，如增值税、营业税、消费税、资源税、关税等。

价内税的大小直接影响着价格高低变化。在纳税时它是以商品流转额（或流转数量）计征的。纳税人缴纳的税金可以通过价格转嫁给消费者。由于价内税最终由消费者负担，因而也可称为间接税或称价内转嫁税。

价格构成中的税金指的就是价内税，在价格制定中主要研究的也是价内税。

建筑业营业税是价内税。我国税法规定，建筑业的营业税率为3%。计取营业税的计算公式：

$$营业税＝营业收入×营业税率$$

式中　营业收入＝直接费＋间接费＋利润＋营业税

2.7.6 劳动力价格

1. 劳动力价格的含义

劳动力价格是指劳动者付出劳动后应当获取的劳动报酬，通常它以货币工资的形式表现。在市场经济运行中，劳动力价格的存在实属必然，因为单有资金、土地、科技信息等生产要素的流动，而没有劳动力的流动，资源不可能得到合理利用，高度发达的市场经济也很难形成。

劳动力要流动就必然进入市场进行交流，交流的成功与否，关键在于价格。即需求方付出的劳动报酬是否符合劳动力供给方的估价。符合则顺利成交，否则劳动力供给者会另谋生计。所以，劳动报酬是一种特殊的价格。

2. 劳动力价格的形成基础

劳动力价格包括简单劳动力价格和复杂劳动力价格两部分。

复杂劳动力价格是建立在简单劳动力价格基础之上的，它是简单劳动力价格的倍加。因此，研究劳动力价格，首先应当研究简单劳动力价格。

(1) 劳动力的价值和使用价值

劳动力是指人的劳动能力，它包括人的体力和脑力两部分。

劳动力与其他商品一样，其价值也由社会必要劳动时间凝结而成。所不同的是，劳动力依附于人的身体而存在，而人的身体靠生活资料来维持。所以，劳动力的生产与再生产所需的社会必要劳动时间，自然就由维持和再生产劳动力的生活资料所需要的劳动时间决定。

因此，劳动力的价值由三部分构成：一是维持劳动者劳动力的再生产所需的生活资料所包含的价值；二是保证劳动力延续所要的赡养劳动者子女素质所需要的各种教育、培养等费用所包含的价值及随着人们生活水平提高而开支的享乐费用。

劳动力与其他商品一样，也同样具有使用价值。所不同的是，在生产过程中劳动力和生产资料相结合，可以生产出具有使用价值的商品，并使预付的价值增值，这就是劳动力的独特使用价值所在。

(2) 劳动力价格的形成基础

劳动力价格的形成基础是劳动力的价值。因为，只有劳动力的价格能够补偿劳动者自身及其子女的生活费用、教育培训等费用时，劳动者才可能受雇或受聘。

经济发达的国家、地区，消费水平高，受教育程度高，劳动力价格也必然高；反之，经济落后的国家和地区，消费水平低，受教育程度低，劳动力价格也必然低。

同样，劳动力消耗大的部门及行业，劳动者劳动力的再生产所需的生活资料费用消耗大，劳动力价格应当高。反之，劳动力消耗小的部门及行业，劳动力的价格应当低，这是价值规律作用的结果。

上述分析的是简单劳动力价格。复杂劳动力价格与简单劳动力价格相比，它应高于简单劳动力价格。因为，简单劳动转化为复杂劳动力，它必须经过较高层次的教育。因此它凝结着较高层次的劳动，具有较高的价值。

在施工生产中，技工的劳动力价格高于普工的劳动力价格。

3. 影响劳动力市场价格的主要因素

（1）劳动力的市场供求状况

当劳动力供大于求时，其市场价格呈下降的趋势；当劳动力供小于求时，其市场价格呈上升趋势。所以，即使企业有了工资决策权，可以自主分配，职工的工资水平也不可能随意决定，而必然由各工种的市场劳动力的供应与劳动力的需求均衡所决定，这是关键性因素。

（2）货币币值的影响

劳动力价格既然要通过货币工资的形式表现，其标准水平就不能不受到货币规律的作用。当货币发行过多，通货膨胀，货币贬值时，货币工资的名义标准就会提高；反之，货币发行过少，货币升值时，货币工资的名义标准就会下降。当然后者的可能性极小，如果出现此种情况，企事业单位会通过降薪裁员等途径加以解决。

4. 其他因素的影响

诸如国家政策，综合国力、企业效益差异等，对货币工资都会起到重大的影响，也是我们应当加以考虑的。

5. 劳动力价格计算

目前，我国劳动力价格构成十分复杂，既有货币工资形式，又有各种实物和货币的补贴，更有奖金形式。为此，为了调动各行业、各不相同所有制企业职工的积极性，必须掌握各行业、各不同所有制企业职工工资的真实成本，以便正确比较。所以，首先将职工所得的实物折成现金，然后再将所有补贴、奖金及货币工资合并计入成本，最后再测算劳动力价格。工资的基本计算公式：

$$\text{劳动力月价格或月工资} = \frac{\text{劳动者本人及其家属年生存费用} + \text{提高劳动力素质而开支的年费用} + \text{享乐性年费用}}{12\text{个月}}$$

目前，我国的计时工资、计件工资、定额工资、职务工资、结构工资、绩效工作、浮动工资等形式，都要借助于基本计算公式为基础进行测定。

2.7.7　产品的成本定价法

1. 完全成本法

又称成本加利润定价法，就是在产品完全成本基础上，再加上一定比例利润的定价方法。

所谓企业的完全成本，是指企业生产经营某产品所需的各项直接费用及应分摊的间接费用的总和。它包含了所有的固定成本和变动成本。

单位产品完全成本＝单位产品固定成本＋单位产品变动成本。在完全成本的基础上，加上一定比例的预期利润，就能算出产品售价。

完全成本定价法中，利润率的大小对价格影响最为关键。利润率太高，制定出来的产品价格就相应地高，产品销路就难以打开；利润率低，售价低，就会直接影响企业自身的经济效益。所以，利润率的大小必须依据产品的性质、流通费用的大小、竞争的激烈程度及消费需求等因素综合考虑后再确定。

完全成本定价法的主要优点是计价方法简单明了，企业定价资料容易取得，定价结果至少能保本且多少有盈利，供求双方容易产生公平感。

完全成本定价法较适合建筑产品定价。

2. 加权平均法

就一种产品，搜集各地生产者的成本资料，经过核实后，以各地各生产者的产量为权数，通过加权平均计算，求得个别成本的加权平均成本作为该产品的社会成本。

采用这种方法，需要收集各地各生产者的成本资料作为加权平均的依据，工作较繁重，数据收集较困难。一般只能在同类产品中选定少数代表品进行测定，其余各品种、各质量，只能选取典型产地资料，确定其同代表品的成本差率，以代表品成本为标准，来计算它们的成本。在加权平均取得社会成本的基础上加上利润和税金后确定产品价格。

在工程定额编制中采用的"统计分析法"就属于此类方法。

3. 典型测定法

就是通过采用一定的方式（如邀请各地代表召开座谈会、交流和分析各地成本资料），选定在全国或地区范围内具有正常合理中等生产经营水平的代表性生产者，核实其成本作为全国范围的正常合理中等成本。同类产品中的其他品种、质量，通过与典型资料的级差率进行换算。

在工程定额编制中采用的"经验估计法""类推比较法"就属于此类方法。

3 计 价 方 式

3.1 计价方式的概念

工程造价计价方式是指采用不同的计价规则、计价依据、计价方法、计价目的来确定工程造价的计价模式。

3.1.1 计价规则

目前，我国的工程造价计价规则有：按市场经济规则计价和按计划经济规则计价两种。

3.1.2 工程造价计价依据

我国工程造价的计价依据主要包括：估价指标、概算指标、概算定额、预算定额、企业定额、建设工程工程量清单计价规范、工料机单价、利税率、设计方案、初步设计、施工图、竣工图等。

3.1.3 工程造价计价方法

我国工程造价的计价方法主要有：建设项目投资估算、设计概算、施工图预算、工程量清单报价、工程结算、竣工决算等。

3.1.4 工程造价计价目的

在建设项目的不同阶段，可采用不同的计价方法来实现不同的计价目的。

在建设工程决策阶段主要确定建设项目估算造价；在设计阶段主要确定工程项目的概算造价或预算造价；在招标投标阶段主要确定招标控制价和投标报价；在竣工验收阶段主要确定工程结算价和竣工决算价。

3.2 确定工程造价的主要方式

解放初期，我国引进和沿用了苏联建设工程的定额计价方式，该方式属于计划经济的产物。由于种种原因，20世纪60年代中期没有执行定额计价方式，而采用了"经常费"的方式与建设单位办理工程结算。

20世纪70年代末，我国开始加强了工程造价的定额管理工作。要求严格按主管部门颁发的定额和指导价确定工程造价。这一要求具有典型的计划经济的特征。

随着我国改革开放的不断深入以及提出建立社会主义市场经济体制要求，定额计价方式进行了一些变革。例如，定期调整人工费；变计划利润为竞争利润等。随着社会主义市场经济的进一步发展，又提出了"量、价分离"的方法确定和控制工程造价。

上述做法，只是一些小改小革，没有从根本上改变计划价格的性质，基本上属于定额计价的范畴。

到了 2003 年 7 月 1 日，国家颁布了《建设工程工程量清单计价规范》GB 50500—2003，并于 2008 年、2013 年进行了两次修订，发布了《建设工程工程量清单计价规范》GB 50500—2008、GB 50500—2013，在建设工程招标投标中实施工程量清单计价之后，工程造价的确定逐步体现了市场经济规律的要求和特征。

3.3 计价方式的分类

工程造价计价方式可按不同的角度进行分类。

3.3.1 按经济体制分类

1. 计划经济体制下的计价方式

计划经济体制下的计价方式是指采用国家统一颁布的概算指标、概算定额、预算定额、费用定额等依据，按工程造价行政主管部门规定的计算程序、取费项目和计算费率确定工程造价。

2. 市场经济体制下的计价方式

市场经济的重要特征是竞争性，当标的物和有关条件明确后，通过公开竞价来确定承包商，符合市场经济的基本规律。在工程建设领域，根据《建设工程工程量清单计价规范》GB 50500—2013，采用清单计价方式通过招标投标的方式来确定工程造价，体现了市场经济规律的基本要求。因此，工程量清单计价是典型的市场经济体制下的计价方式。

3.3.2 按编制的依据分类

1. 定额计价方式

定额计价方式是指采用工程造价行政主管部门统一颁布的定额和计算程序以及工料机指导价确定工程造价的计价方式。

2. 清单计价方式

清单计价方式是指按照《建设工程工程量清单计价规范》GB 50500—2013，根据招标文件发布的工程量清单和企业以及市场情况，自主选择消耗量定额、工料机单价和有关费率确定工程造价的计价方式。

3.4 定额计价方式下工程造价的确定

3.4.1 建设项目投资估算

建设项目投资估算是在投资决策过程中，依据现有的资料和一定的方法对建设工程的投资数额进行的估计，并在此基础上研究是否建设的造价计算方法。

投资估算要保证必要的准确性，如果误差太大，必将导致决策失误。因此，准确、全面地估算建设项目的工程造价，是项目可行性研究乃至整个建设项目投资决策阶段工程造价管理的重要任务。

1. 建设项目投资估算的内容

建设项目总投资的构成决定了投资估算应包括固定资产投资估算和流动资产投资估算。

固定资产投资估算包括：设备及工、器具购置费，建筑安装工程费，工程建设其他费用，预备费，建设期贷款利息和固定资产投资方向调节税等的估算。

2. 建设项目投资估算编制方法

（1）静态投资的估算方法

1）资金周转率法

$$资金周转率 = \frac{年销售总额}{总投资} = \frac{产品的年产量 \times 产品单价}{总投资}$$

$$投资额 = \frac{产品的年产量 \times 产品单价}{资金周转率}$$

拟建项目的资金周转率可以根据已建相似项目的有关数据进行估计，然后再根据拟建项目的预计产品的年产量及单价，估算拟建项目的投资额。

此方法简便、速度快，但精确度较低，可用于投资机会研究及项目建议书阶段的投资估算。

2）生产能力指数法

$$C_2 = C_1 \left(\frac{Q_2}{Q_1} \right)^n \cdot f$$

式中　C_1——已建类似项目或装置的投资额；

　　　C_2——拟建项目或装置的投资额；

　　　Q_1——已建类似项目或装置的生产能力；

　　　Q_2——拟建项目或装置的生产能力；

　　　f——不同时期、不同地点的定额、单价、费用变更等的综合调整系数；

　　　n——生产能力指数，$0 \leqslant n \leqslant 1$，国外常取 0.6。

此方法根据已建成的、性质相似的建设项目或生产装置的投资额和生产能力，与拟建项目或生产装置的生产能力比较，估算拟建项目的投资额。

【例 3-1】装机容量为 5000kW 的电站投资总额为 2860.92 万元，求装机容量为 2500kW 的电站的投资额（设 $n=0.9$，$f=1$）。

【解】　　　$C_2 = \left[2860.90 \times \left(\frac{2500}{5000} \right)^{0.9} \times 1 \right]$万元 $= 1533.12$ 万元

3）比例估算法

① 以拟建项目或装置的设备费为基数，根据已建成的同类项目或装置的建筑安装费和其他工程费用等占设备价值的百分比，求出相应的建筑安装工程费用等。再加上拟建项目的其他有关费用，其总和即为项目或装置的投资。

计算公式为：

$$C = E(1 + f_1 P_1 + f_2 P_2 + f_3 P_3 \cdots \cdots) + I$$

式中　　　C——拟建项目或装置的投资额；

　　　　　E——根据拟建项目或装置的设备清单按当时当地价格计算的设备费（包括运杂费）的总额；

P_1、P_2、$P_3 \cdots$——已建项目中建筑、安装及其他工程费用占设备费的百分比；

f_1、f_2、$f_3 \cdots$——由于时间因素引起的定额、价格、费用标准等变化的综合调整系数；

　　　　　I——拟建项目的其他费用。

② 以拟建项目中的最主要、投资比重较大并与生产能力直接相关的工艺设备的投资

（包括运杂费及安装费）为基数，根据同类型的已建项目的有关统计资料，计算出拟建项目的各专业工程（总图、土建、暖通、给水排水、管道、电力及电信、自控及其他工程费用等）占工艺设备投资的百分比，据以求出各专业的投资，然后把各部分投资费用（包括工艺设备费）相加求和，再加上工程其他有关费用，即为项目的总费用。

计算公式为：

$$C = E(1 + f_1 P'_1 + f_2 P'_2 + f_3 P'_3 \cdots\cdots) + I$$

式中 P'_1、P'_2、P'_3……——各专业工程费用占工艺设备总费用的百分比。

4）系数估算法

① 朗格系数法。这种方法是以设备费用为基础，乘以适当系数来推算项目的建设费用。基本公式为：

$$D = C \cdot (1 + \Sigma K_i) \cdot K_c$$

式中 D——总建设费用；

C——主要设备费用；

K_i——管线、仪表、建筑物等费用的估算系数；

K_c——管理费、合同费、应急费等间接费在内的总估算系数。

总建设费用与设备费用之比为朗格系数 K_L，即：

$$K_L = (1 + \Sigma K_i) \cdot K_c$$

此方法比较简单，但没有考虑设备规格、材质的差异，所以精确度不高。

② 设备厂房系数法。对于一个生产性项目，如果设计方案已确定了生产工艺，且初步选定了工艺设备并进行了工艺布置，就有了工艺设备的重量及厂房的高度和面积，则工艺设备投资和厂房土建的投资就可分别估算出来。项目的其他费用，与设备关系较大的按设备投资系数计算，与厂房土建关系较大的则以厂房土建投资系数计算，两类投资相加即得整个项目的投资。

③ 主要车间系数法。对于生产性项目，在设计中若主要考虑了主要生产车间的产品方案和生产规模，可先采用合适的方法计算出主要车间的投资，然后利用已建相似项目的投资比例计算出辅助设施等占主要生产车间投资的系数，估算出总的投资。

5）指标估算法

根据编制的各种具体的投资估算指标，进行单位工程投资的估算。投资估算指标的表示形式较多，如以元/m、元/m²、元/m³、元/t、元/（kV·A）表示。

指标估算法常用于对于房屋、建筑物投资的估算，经常采用以元/m² 或元/m³ 表示。

静态投资的估算，应按某一确定的时间来进行，一般以开工的前一年为基准年，以这年的价格为依据计算，否则就会失去基准作用，影响投资估算的准确性。

（2）涨价预备费、建设费贷款利息及固定资产投资方向调节税的估算

1）涨价预备费

涨价预备费的估算，可按下列公式进行：

$$PF = \sum_{i=0}^{n} I_t [(1+f)^t - 1]$$

式中 PF——涨价预备费估算额；

I_t——建设期中第 t 年的投资计划额（按建设期前一年价格水平估算）；

    n——建设期年份数；

    f——年平均价格预计上涨率。

【例 3-2】 某电站工程的静态投资为 1408.71 万元，建设期 2 年，第一年投入 469.17 万元；第二年投入 939.54 万元。建设期价格变动率为 3%，估计该工程的涨价预备费为多少？

【解】
$$PF_1 = 469.17 \text{ 万元} \times [(1+3\%)-1] = 14.08 \text{ 万元}$$
$$PF_2 = 939.54 \text{ 万元} \times [(1+3\%)^2-1] = 57.22 \text{ 万元}$$

所以，该工程的涨价预备费为：
$$PF = 14.08 \text{ 万元} + 57.22 \text{ 万元} = 71.30 \text{ 万元}$$

  2）建设期贷款利息

建设期贷款利息实行复利计算，其计算方法如下：

① 对于贷款总额一次性贷出且利率固定的贷款，按下列公式计算：
$$\text{贷款利息} = P \cdot [(1+i)^n - 1]$$

式中 P——一次性贷款金额（本金）；

    i——年利率；

    n——贷款期限。

② 当总贷款是分年均衡发放时，建设期利息的计算可按当年借款在年中支用考虑，即当年贷款按半年计息；上年贷款按全年计息。

计算公式如下：
$$q_j = \left(P_{j-1} + \frac{1}{2}A_j\right) \cdot i$$

式中 q_j——建设期第 j 年应计利息；

    p_{j-1}——建设期第（$j-1$）年末贷款累计金额与利息累计金额之和；

    A_j——建设期第 j 年贷款金额；

    i——年利率。

（3）铺底流动资金的估算方法

铺底流动资金是保证项目投产后，能正常生产经营所需要的最基本的周转资金数额，这部分资金需要在项目决策阶段落实。铺底资金的计算公式为：
$$\text{铺底流动资金} = \text{流动资金} \times 30\%$$

这里的流动资金实际上就是财务中的营运资金。
$$\text{流动资金} = \text{流动资产} - \text{流动负债}$$

流动资产主要考虑应收账款、现金和存货；流动负债主要考虑应付和预收款。

3. 建设投资估算案例

某小型电站工程，所在地区属五类工资区，按规定本工程的混凝土工程和安装工程采用三级企业施工队伍，三级企业施工队伍标准工资 132 元/（人·月）。经计算人工预算单价为 19.97 元/工日，三级以下企业施工队伍，除砂石备料工程采用 10 元/工日外，其余均采用 12 元/工日计算。

建筑工程采用《××省、××市水利水电建筑工程预算定额》。编制工程单价时扩大系数采用 1.03，安装工程采用水利部《水利水电设备安装工程概算定额》。

进入单价的主要建材预算价格执行××省的规定,调差价格按照某县物资部门提供的当地市场批发价作为原价,并按规定计入各项费用(详见投资概算书)。

本工程施工用电 90％由地方电网供电,10％自备电源,经计算其电价为 0.60 元/(kW·h),水单价根据施工组织设计提供的资料计算 0.518 元/m³。

机电及金属设备原价参照省内在建工程类似设备价格计列。

导流工程、仓库、交通工程等均按施工组织设计提供资料计算。其他临时工程按建安投资的 3.5％计算。

估算情况见表 3-1。

总估算表(单位:万元)　　　　　　　　表 3-1

序号	工程或费用名称	建安工程费	设备购置费	其他费用	合计	占投资额(％)
	第一部分:建筑工程	557.14			557.14	41.53
一	挡水工程	36.57			36.57	
二	引水工程	250.39			250.39	
三	发电厂工程	130.22			130.22	
四	交通工程	31.31			31.31	
五	房屋建筑工程	33.52			33.52	
六	其他工程	30.98			30.98	
七	材料价差及税金	44.15			44.15	
	第二部分:机电设备及安装	54.79	312.71		367.50	27.39
一	发电设备及安装	44.82	249.99		294.81	
二	升压变电设备及安装	9.97	45.31		55.28	
三	其他设备及安装		17.41		17.41	
	第三部分:金属设备及安装	126.71	16.43		143.14	10.67
一	取水工程	1.78	5.98		7.76	
二	引水工程	124.91	7.93		132.86	
三	材料价差及税金		2.52		2.52	
	第四部分:临时工程	76.09			76.09	5.67
一	施工导流工程	4.11			4.11	
二	交通工程	16.45			16.45	
三	房屋建筑工程	35.66			35.66	
四	其他临时工程	19.87			19.87	
	第五部分:其他费用			197.75	197.75	14.74
一	建设管理费			92.11	92.11	
二	建设及施工场地征用费			5.92	5.92	
三	生产准备费			16.66	16.66	
四	科研勘测设计费			54.91	54.91	
五	其他费用			28.15	28.15	

续表

序号	工程或费用名称	建安工程费	设备购置费	其他费用	合计	占投资额（%）
	第一至第五部分合计	814.74	329.14	197.75	1341.62	100.00
	基本预备费				67.08	
	静态总投资				1408.70	
	建设期价差预备费				71.30	
	建设期还贷利息				53.13	
	总投资				1533.13	

基本预备费按第一至第五部分合计的 5％计，涨价预备费按物价上涨指数的 3％计算。

根据建设方意见：本工程自筹资本金盘占 30％，建设期不计息，银行贷款 70％，年利率按 6.21％计算。

该工程静态投资：1408.71 万元；总投资：1533.13 万元。

3.4.2 施工图预算

1. 施工图预算的概念

施工图预算是确定建筑工程造价的经济文件。简而言之，施工图预算是在修建房子之前，预先算出房子建成后需要花多少钱的特殊计价方法。因此，施工图预算的主要作用就是确定建筑工程预算造价。

施工图预算一般在施工图设计阶段及施工招标投标阶段编制。施工图预算是确定单位工程预算造价的经济文件，一般由施工单位或设计单位编制。

2. 传统施工图预算及构成要素

我们知道，2013 年以前编制施工图预算是执行 1985 年颁发的计标 352 号、1989 年颁发的建标 248 号、1993 年颁发的建标 894 号、2003 年颁发的建标 206 号等文件规定的建筑安装工程费用划分的规定。

上述文件对建筑安装工程费用划分，可以归纳为由直接费、间接费、利润、税金这四部分费用组成。我们将由这四部分费用组成的施工图预算称为传统施工图预算。

传统施工图预算由工程量、工料机消耗量、直接费、工程费用等要素构成。

（1）工程量

工程量是根据施工图算出的所建工程的实物数量。例如，该工程有多少立方米混凝土基础，多少立方米砖墙，多少平方米铝合金门，多少平方米水泥砂浆抹面等。

（2）工料机消耗量

人工、材料、机械台班消耗量是根据分项工程工程量与预算定额子目消耗量相乘后，汇总而成的数量。例如一幢办公楼的修建需多少个工日，需多少吨水泥，需多少吨钢筋，需多少个塔式起重机台班等工料机消耗量。

（3）直接费

直接费是工程量乘以定额基价后汇总而成的。它是工料机实物消耗量的货币表现。其中，定额基价＝人工费＋材料费＋机械费。

（4）工程费用

工程费用包括间接费、利润、税金。间接费和利润一般根据定额人工费（或定额直接费），分别乘以不同的费率计算。

营业税金是根据税前造价（直接费、间接费、利润之和），乘以税率计算得出。

直接费、间接费、利润、税金之和构成传统的工程预算造价。

3. 传统施工图预算的编制步骤

（1）根据施工图和预算（计价）定额（含工程量计算规则）计算工程量；

（2）根据工程量和预算定额分析工料机消耗量；

（3）根据工程量和预算定额基价（或用工料机消耗量乘以各自单价）计算定额直接费；

（4）根据定额人工费（或定额直接费）和间接费费率计算间接费；

（5）根据定额人工费（或定额直接费）和利润率计算利润；

（6）根据直接费、间接费、利润之和以及税率计算营业税金；

（7）根据营业税和对应税率计算城市维护建设税、教育费附加和地方教育附加；

（8）将直接费、间接费、利润、税金汇总成工程预算造价。

4. 传统施工图预算编制示例

【例 3-3】 根据下面给出的某工程的基础平面图和剖面图（图 3-1）和表 3-2（预算定额），计算 2-2 剖面中人工挖地槽土方（三类土）、C15 混凝土基础垫层和两个项目的施工图预算造价。

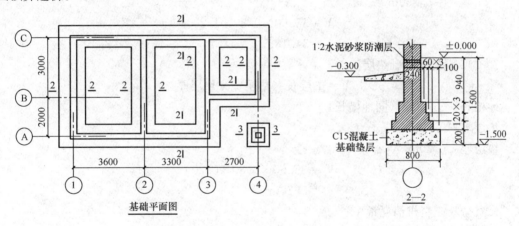

图 3-1 某工程基础平面图和剖面图（室外地坪标高 −0.300m）

某地区预算定额（摘录）　　　　　　　　　　　　　　　　　　　　表 3-2

工程内容：略

定额编号			1-8	8-16
项　　目	单位	单价（元）	挖沟槽土方 三类土、2m 深以内（m³）	C10 混凝土 基础垫层（m³）
基　　价	元		37.59	321.73
其中 人工费	元		37.59	125.30
材料费	元			188.06
机械费	元			8.37

续表

定额编号				1-8	8-16
人工	综合用工	工日	70.00	0.537	1.79
材料	C15 混凝土	m³	186.20		1.01
机械	400L 混凝土搅拌机	台班	65.24		0.101
	平板式振动器	台班	22.52		0.079

【解】 (1) 计算工程量

根据图 3-1、工程量计算规则和预算定额，计算人工挖地槽土方项目和 C15 混凝土基础垫层项目工程量。

① 人工挖地槽土方（不放坡、不加工作面）

$$V = 地槽长 \times 地槽宽 \times 地槽深$$

地槽宽：0.80m

地槽深：1.50−0.30＝1.20m

地槽长： (3.60＋3.30＋2.70＋3.00＋2.00) ×2＋ (3.00＋2.00−0.80) ＋3.00 −0.80

＝29.20＋6.40

＝35.60m

$$V = 35.60 \times 0.80 \times 1.20$$
$$= 34.18 m^3$$

② C15 混凝土基础垫层

$$V = 垫层长 \times 垫层宽 \times 垫层厚$$

地槽长：35.60m（同地槽长）

垫层宽：0.80m

垫层厚：0.20m

$$V = 35.60 \times 0.80 \times 0.20$$
$$= 5.70 m^3$$

(2) 分析工料机消耗量

工料机分析是根据工程量乘以定额工料机消耗量得出。根据预算定额（表 3-2）和人工挖地槽土方项目和 C15 混凝土基础垫层项目工程量，进行工料机分析。计算过程见表 3-3。

工料机分析表 表 3-3

工程名称：某工程 第1页共1页

定额编号	项目名称	工程量	单位	工料机用量分析			
				人工（工日）	混凝土搅拌机（台班）	平板震动器（台班）	C15 混凝土（m³）
1-8	人工挖地槽土方	34.18	m³	0.537 / 18.35			

定额编号	项目名称	工程量	单位	工料机用量分析			
				人工 （工日）	混凝土 搅拌机 （台班）	平板震动器 （台班）	C10 混凝土 （m³）
8-16	C15 混凝土基础垫层	5.70	m³	1.79 10.20	0.101 0.58	0.079 0.45	1.01 5.76
	......						
	小计			28.55	0.58	0.45	5.76

说明：工料机分析表中的分数表示：分子是定额用量，分母是定额用量乘以工程量的数量。将分母数量相加为小计数量。

（3）计算定额直接费

计算直接费一般采用两种方法，即单位估价法和实物金额法。单位估价法采用含有基价的预算定额；实物金额法采用不含有基价的预算定额。我们以单位估价法为例来计算直接费（表 3-4）。

直接费计算公式如下：

$$直接费 = \sum_{i=1}^{n}（工程量 \times 定额基价）_i$$

直接费计算表   表 3-4

工程名称：某工程   第 1 页共 1 页

序号	定额编号	项目名称	单位	工程量	基价		合 价	
					基价 （元）	其中人工费 （元）	合价 （元）	其中人工费 （元）
1	1-8	人工挖地槽土方	m³	34.18	37.59	37.59	1284.83	1284.83
2	8-16	C15 混凝土基础垫层	m³	5.70	321.73	125.30	1833.86	714.21
		......						
		小计					3118.69	1999.04

（4）计算工程费用

按某地区费用定额规定，本工程以定额人工费为基础计算各项费用。其中，间接费费率为 48%，利润率为 22%，综合税率为 3.48%，计算过程见表 3-5。

传统施工图预算费用（造价）计算表   表 3-5

工程名称：某工程   第 1 页共 1 页

序号	费用名称	计算式	金额（元）
1	直接费	详见表 3-3	3118.69
2	间接费	1999.04×48%	959.54
3	利润	1999.04×22%	439.79
4	税金	（3118.69＋959.54＋439.79）×3.48%	157.23
	工程预算造价	序1＋序2＋序3＋序4	4675.25

5. 建标［2013］44 号文件及营改增后规定建筑安装工程费用划分的施工图预算编制

（1）按建标［2013］44 号文件规定建筑安装工程费用划分施工图预算编制步骤

建标［2013］44 号文件及营改增规定建筑安装工程费用划分改变了传统费用划分的方法。该方法已经与 2013 清单计价规范的费用划分接轨。

根据建标［2013］44 号文件及营改增规定，施工图预算编制步骤如下：

1）根据施工图和预算（计价）定额（含工程量计算规则）计算工程量（含单价措施项目工程量）；

2）根据分部分项（含单价措施项目）工程量和预算定额基价计算分部分项工程定额直接费；

3）根据分部分项（含单价措施项目）工程定额人工费和企业管理费费率及利润率计算分部分项工程（含单价措施项目）企业管理费和利润；

4）根据分部分项工程（单价措施项目）定额人工费和总价措施项目费费率计算总价措施项目费；

5）根据分部分项工程（单价措施项目）定额人工费和其他项目费费率计算其他项目费；

6）根据分部分项工程（单价措施项目）定额人工费和规费费率计算规费；

7）根据分部分项工程费、措施项目费、其他项目费和综合税率计算税金；

8）将分部分项工程费、措施项目费、其他项目费和税金汇总成工程预算造价。

（2）计算分部分项工程费

本工程以定额人工费为基础计算各项费用。其中，企业管理费费率为 20%，利润率为 22%，根据表 3-2 定额数据和例 3-3 的工程量计算分部分项工程费见表 3-6。

分部分项工程费计算表

表 3-6

工程名称：某工程

第 1 页共 1 页

序号	定额编号	项目名称	单位	工程量	基价		合价		管理费和利润
					基价（元）	其中人工费（元）	合价（元）	其中人工费（元）	管理费率 20%利润率 22%
1	1-8	人工挖地槽土方	m³	34.18	37.59	37.59	1284.83	1284.83	539.63
2	8-16	C15 混凝土基础垫层	m³	5.70	321.73	125.30	1833.86	714.21	299.97
		......							
		小计					3118.69	1999.04	839.60

分部分项工程费＝3118.69＋839.60＝3958.29 元

说明：1. 管理费和利润＝定额人工费×（管理费率＋利润率）。

2. 表中各费用均以不包含增值税可抵扣进项税额的价格计算。

（3）计算工程预算造价

工程预算造价还包括措施项目费、其他项目费、规费和税金。

按某地区规定，措施项目费、其他项目费、规费的计算基础是定额人工费。其中措施项目费费率为 10%，规费费率为 18%，综合税率为 3.48%，本工程项目无其他项目费。根据上述规定，计算基础垫层和砂浆防潮层的各项费用和工程预算造价，计算过程见表 3-7。

44 号文件及营改增后费用规定的施工图预算费用（造价）计算表　　　　表 3-7

工程名称：某工程　　　　　　　　　　　　　　　　　　　　第 1 页共 1 页

序号	费用名称	计算式	金额（元）
1	分部分项工程费	详见表 3-6	3958.29
2	措施项目费	1999.04×10%	199.90
3	其他项目费	无	—
4	规费	1999.04×18%	359.83
5	增值税税金	(3958.29＋199.90＋359.83)×10%	451.8
	工程预算造价	序1＋序2＋序3＋序4＋序5	4969.82

说明：表中各费用均以不包含增值税可抵扣进项税额的价格计算。

3.4.3　施工预算

1. 概述

建筑安装施工企业必须加强经营管理，缩短施工周期，确保工程质量、降低工程成本，才能取得较好的经济效益。

做好施工预算工作，是施工企业加强经营管理，降低工程成本的重要环节之一。

什么是施工预算？施工预算与施工图预算有哪些区别？施工预算在企业管理中有哪些作用？这些都是本章节所要讨论的问题。

2. 施工预算的概念

施工预算是为适应施工企业加强管理的需要，按照企业管理和队、组核算的要求、根据施工图纸、企业定额（或劳动定额和地区材料消耗定额）、施工组织设计、考虑挖掘企业内部潜力，在开工前由施工单位编制，供企业内部使用的一种预算。它规定了单位工程或分部、分层、分段工程的人工、材料、施工机械台班的消耗数量标准和直接费付出的标准，是施工企业基层的成本计划文件，是与施工图预算和实际成本进行分析对比的基础资料。编制施工预算是加强企业管理，实行经济核算的重要措施。

3. 施工预算与施工图预算的区别

施工预算与施工图预算的区别主要有以下几个方面：

（1）"两算"的作用不同

施工图预算是确定工程造价，对外签订工程合同，办理工程拨款和贷款、考核工程成本、办理竣工结算的依据。在实行招标、投标的情况下，它也是招标者计算标底和投标者进行报价的基础。

施工预算是为达到降低成本的目的，按照施工定额的规定，结合挖掘企业内部潜力而编制的一种供企业内部使用的预算。是编制施工生产计划和企业内部实行定额管理、确定承包任务的基础。

（2）"两算"的编制依据不同

施工图预算与施工预算虽然都是根据同一施工图编制的，但前者的人工、材料和机械台班消耗量，是根据预算定额规定的标准计算的，所表现的是社会平均水平的建筑产品活劳动和物化劳动消耗的补偿量，是施工企业确定资金来源的主要依据。而后者则是根据企业定额的规定，并结合施工企业本身所采用的技术组织措施来计算的。所表现的是企业生产力水平的建筑产品活劳动和物化劳动消耗的付出量，是施工企业控制资金支出的主要尺度。

（3）"两算"的工程量计算规则和计量单位有许多不同点

由于"两算"所依据的定额不同，其工程量计算规则和计量单位也不尽相同。施工图预算的工程量是按照预算定额所规定的计算规则和计量单位计算的。而施工预算的工程量要按照企业定额、劳动定额的规定、地区材料消耗定额的要求、企业管理的需要来进行计算。

（4）"两算"的费用组成不同

施工图预算的费用组成，除计算直接费以外，还要计算间接费、利润和税金。而施工预算则主要是计算人工、材料和施工机械台班的消耗量及其相应的直接费，再按照各施工企业所采取的内包办法，增加适当的包干费用，其额度由各施工单位经过测算确定。

（5）"两算"的编制方法和粗细程度不同

施工图预算的编制是采用的单位估价法。定额项目的综合程度较大，是用来确定工程造价的。施工预算的编制一般是采用的实物法或实物金额法。定额项目按工种划分，其综合程度较小。由于施工预算要满足按工种实行定额管理和班组核算的要求。所以，预算项目划分较细，并要求分层、分段进行编制。

综上所述，我们可以知道，施工图预算与施工预算无论是在其作用上、编制依据、编制方法、费用组成和粗细程度上均有所不同。如果说施工图预算是确定建筑企业各项工程收入的依据，而施工预算则是建筑企业控制各项成本支出的尺度，这是"两算"最大的区别。

4. 施工预算的作用

施工预算的作用与企业定额的作用基本相同，这里只列出作用的要点：

（1）施工预算是施工企业编制施工作业计划、劳动力计划和材料需用量计划的依据。

（2）施工预算是基层施工单位签发施工任务单和限额领料单的依据。

（3）施工预算是计算计件工资，超额奖金和包工包料、实行按劳分配的依据。

（4）施工预算是施工企业开展经济活动分析、进行"两算"对比的依据。

（5）施工预算是促进实施施工技术组织节约措施的有效方法。

5. 施工预算的编制内容

施工预算的编制内容由"编制说明"和"计算表格"两部分组成。

（1）编制说明

1）编制依据

包括说明、采用的施工图、企业定额、工日单价、材料预算价格、机械台班预算价格、施工组织设计或施工方案及图纸会审记录等内容。

2）所编施工预算的工程范围。

3）根据现场勘察资料考虑了哪些因素。

4）根据施工组织设计考虑了哪些施工技术组织措施。

5）有哪些暂估项目和遗留项目，并说明其原因和处理方法。

6）还存在和需要解决的问题有哪些。

7）其他需要说明的问题。

（2）计算表格

1）工程量计算表

是施工预算的基础表。主要反映分部分项工程名称、工程数量、计算式等。

2）工料分析表

是施工预算的基本计算用表。主要反映分部分项工程中的各工种人工、不同等级的用工量与各种材料的消耗量。

3）人工汇总表

是编制劳动力计划及合理调配劳动力的依据。它由"工资分析表"上的人工数，按不同工程和级别分别汇总而成。

4）材料消耗量汇总表

是编制材料需用量计划的依据。它由"工资分析表"上的材料量，按不同品种、规格，分现场用与加工厂用进行汇总而成。

5）机械台班使用量汇总表

是计算施工机械费的依据。是根据施工组织设计规定的实际进场机械，按其种类、型号、台数、工期等计算出台班数，汇总而成。

6）"两算"对比表

这是在施工预算编制完后，将其计算出的人工、材料消耗量以及人工费、材料费、施工机械费、其他直接费等。按单位工程或分部工程与施工图预算进行对比，找出节约或超支的原因，作为单位工程开工前在计划阶段的预测分析用表。

此外还有钢筋混凝土构件、金属构件、门窗木作构件的加工订货表、钢筋加工表、铁件加工表、门窗五金表等，视各单位的业务分工和具体编制内容而定。

6. 施工预算的编制要求

施工预算的编制要求与施工预算的作用紧密相关，一般应达到下列要求：

（1）编制深度合适

对于施工预算的编制深度，应满足下面两点要求。

1）能反映出经济效果，以便为经济活动分析提供可靠的数据。

2）施工预算的项目，要能满足签发施工任务单和限额领料单的要求，尽量做到使工地不重复计算，以便为加强定额管理、贯彻按劳分配，实行班组经济核算创造条件。

（2）内容要紧密结合现场实际情况

按所承担的任务范围和采取的施工技术措施，挖掘企业内部潜力，实事求是地进行编制，反对多算和少算，以便使企业的计划成本，通过编制施工预算，建立在一个可靠的基础上，为施工企业在计划阶段进行成本预测分析，降低成本额度创造条件。

（3）要保证其及时性

编制施工预算是加强企业管理、实行经济核算的重要措施，施工企业内部编制的各种计划、开展工程定包、贯彻按劳分配、进行经济活动分析和成本预测等。无一不依赖于施工预算所提供的资料。因此，必须采取各种有效措施，使施工预算能在单位工程开工前编制完毕，以保证使用。

7. 施工预算的编制方法

（1）编制依据

1）经过会审的施工图纸和会审记录以及有关的标准图

2）企业定额和有关补充定额或全国统一劳动定额和地区材料消耗定额

企业定额是编制施工预算的主要依据之一。但目前企业尚无成熟的包括人工，材料和机械台班消耗量在内的企业定额。

有的企业根据本地区的情况，自行编制了适用于本企业的企业定额，为编制施工预算创造了有利条件。但也有的企业至今尚未编制企业定额。在这种情况下，编制施工预算时，人工部分可执行现行的《建筑安装工程统一劳动定额》，材料部分可执行地区颁发的文件《建筑安装工程材料消耗定额》，如果本地区没有相适应的材料消耗定额，可结合实际情况，参照本省预算定额或按施工图预算计算的材料用量而适当降低损耗率的办法进行计算。施工机械部分可根据施工组织设计或施工方案所规定的实际进场机械，按其种类、型号、台数和工期等进行计算。

3）经批准的施工组织设计或施工方案

4）人工单价、机械台班单价、材料单价或市场价。这些是计算人工费、机械费和材料费所不可缺少的依据。

5）施工图预算书中的许多数据可为施工预算的编制，提供许多有利条件和可比数据。因此，施工图预算书是编制施工预算的依据之一。

6）其他有关费用的规定，是指在按定额计算出人工费的基础上，结合内部承包单位一定幅度的，在定额以外实际要发生的带有包干性质的费用。该项费用的计算，应根据本地区和本企业的有关规定执行。

7）有关工具书或资料

（2）施工预算编制方法

施工预算的编制方法有以下三种：

1）实物法

根据施工图纸和企业定额，结合施工组织设计或施工方案所确定的施工技术措施，算出工程量后，套用企业定额，分析汇总人工、材料数量，但不进行计价，通过实物消耗数量来反映其经济效果。

2）实物金额法

是通过实物数量来计算人工费、材料费和直接费的一种方法。是根据实物法算出的人工和各种材料的消耗量，分别乘以所在地区的工资标准和材料单价，求出人工费、材料费和直接费的方法。

3）单位估价法

是根据施工图纸和企业定额的有关规定，结合施工技术措施，列出工程项目，计算工程量，套用企业定额单价，逐项计算和汇总直接费，并分析汇总人工和主要材料消耗量，同时列出构件、门窗、钢筋和五金的明细表，最后汇编成册。

三种编制方法的主要区别在于计价方式的不同。实物法只计算实物消耗量，运用这些实物消耗量可向施工班组签发施工任务单和限额领料单。实物金额法是先分析汇总人工和材料实物消耗量，再进行计价。单位估价法则是按分项工程分别进行计价。

上述三种编制方法的机械台班和机械费，都是根据施工组织设计或施工方案的规定，按实际进场的机械计算。

（3）采用实物金额法编制施工预算的步骤与方法

1）了解现场情况，收集基础资料

编制施工预算之前，首先应按前面所述的编制依据，将有关基础资料收集齐备，熟悉施工图纸和会审记录，熟悉施工组织设计或施工方案，了解所采取的施工方法和施工技术措施，熟悉企业定额和工程量计算规则，了解定额的项目划分、工作内容、计量单位、有关附注说明以及企业定额与预算定额的异同点等。同时还要深入现场，了解施工现场的环境、地质、施工平面布置等有关情况了解和掌握上述内容，是编好施工预算的必备前提条件，也是在编制前必须要做好的基本准备工作。

2）列项与计算工程量

列项与计算工程量是施工预算编制工作中最基本的一项工作，所费时间最长，工作量最大，技术要求也较高，是一项十分细致而又复杂的工作。能否准确、及时地编好施工预算，关键在于能否准确、及时地计算工程量。因此，凡能利用施工图预算的工程量就不必再算。但要根据施工组织设计或施工方案的要求，按分部、分层、分段进行划分。工程量的项目内容和计量单位一定要与企业定额相一致，否则就无法套用定额。

3）查套企业定额

工程量计算完毕，按照分部、分层、分段划分的要求。经过整理汇总，列出工程项目将这些工程项目的名称、计量单位及工程数量，逐项填入"施工预算工料分析表"之后，即可查套定额，将查到的定额编号与工料消耗指标，分别填入上表的相应栏目里。选套企业定额项目时，其定额工作内容必须与施工图纸的构造、做法相符合，所列分项工程的名称、内容和计量单位必须与所选企业定额项目的工作内容和计量单位一致。否则，应重新计算工程量。如果工程内容与定额内容不完全一致，但定额规定允许换算或可用系数调整时，则应对定额进行换算后方可套用。对于企业定额中的缺项，可借套其他类似定额，或编制补充定额，但应报请上级批准。

填写"施工预算工料分析表"的计量单位与工程数量时，注意采用定额单位及与之相对应的工程数量。这样就可以直接套用定额中的工料消耗指标，而不必改动定额消耗指标的小数点位，以免发生差错。填写工料消耗指标时，人工部分应区别不同工种和级别；材料部分应区别不同品种和规格，分别进行填写。并注意填写不同材料的不同计量单位，以便按不同的工种和级别、材料品种和规格，分别进行汇总。

4）工料分析

按上述要求，将"施工预算工料分析表"上的分部分项工程名称、定额单位、工程数量、定额编号、工料消耗指标等项目填写完毕后，即可进行工料分析。方法与施工图预算的工料分析方法一样。

5）工料汇总

接分部工程分别将工料分析的结果进行汇总，最后再按单位工程进行汇总，据以编制单位工程工料计划，计算直接费和进行"两算"对比。

6）计算直接费和其他费用

根据上述汇总的工料数量与现行的工资标准、材料预算价格和机械台班单价，分别计算人工费、材料费、机械费，三者相加即为本分部工程或单位工程的施工预算直接费。最后再根据本地区或本企业的规定，计算其他有关费用。

7）整理编写说明，编制、装订、分发

8. "两算"对比

"两算"是指施工图预算和施工预算。前者是确定建筑企业收入的依据（预算成本），后者是建筑企业控制各项成本支出的尺度（计划成本）。"两算"都是在单位工程开工前编制的，并应在开工前进行对比分析。其目的在于找出节约和超支的原因，以便研究提出解决的措施，防止人工、材料耗用量和施工机械费的超支，避免发生预算成本的亏损，为确定降低成本计划额度提供依据。通过"两算"对比，并在完工后加以总结，可以取得经验教训，积累资料，这对于改进和加强施工组织管理，提高劳动生产率，降低工程成本、提高经营管理水平，取得更大经济效益，都具有重要实际意义。所以说，"两算"对比是建筑施工企业运用经济规律，加强企业管理的重要手段之一。

（1）"两算"对比的方法

"两算"对比的方法有：实物对比法和金额对比法两种。

1）实物对比法

将施工预算所计算的工程量，套用企业定额的工料消耗指标，算出分部工程工料消耗量，并汇总为单位工程的人工和主要材料耗用量，填入"两算"对比表（见实例）。再与施工图预算的工料用量进行对比，算出节约或超支的数量差和百分率。

2）金额对比法

将施工预算所算出的人工、材料和施工机械台班耗用量，按分部工程汇总后，分别乘以相应的工资标准、材料预算价格和机械台班单价，得出分部工程的人工费、材料费和机械费，将它们填入"两算"对比表，并按单位工程进行汇总，再与施工图预算相应的人工费、材料费和机械费、工程直接费分别进行对比分析，算出节约或超支的金额差和百分率。

（2）"两算"对比的内容

1）人工数量及人工费的对比分析

施工预算的人工数量及人工费与施工图预算对比，一般要低10％左右。这是由于两者使用定额的基础不一样。例如，砌墙工程项目中，砂子、标准砖和砂浆的场内水平运距，施工定额平均按50m考虑，而预算定额则是砂子按80m，标准砖按170m，砂浆按180m考虑，分别增加了超运距用工。同时预算定额的人工消耗指标，还考虑了在企业定额中未包括，而在一般正常施工情况下又不可避免发生的一些零星用工因素。如土建各工种之间的工序搭接及土建与水电安装之间交叉配合所需停歇的时间，因工程质量检查和隐蔽工程验收而影响工人操作的时间以及施工中不可避免的其他少数零星用工等，在企业定额的基本用工、超运距用工和辅助用工的基础上，又增加10％的人工幅度差。

2）材料消耗量及材料费的对比分析

由于企业定额的材料损耗量一般都低于预算定额，如砌筑一般砖墙工程项目中的标准砖和砂浆的损耗率，预算定额规定为1％，某地区企业定额按照不同墙厚和做法，分别规定了不同的损耗率，标准砖为0.5％～1％，砌筑砂浆为0.8％～1％。同时，编制施工预算时还要考虑扣除技术措施的材料节约量。所以，施工预算的材料消耗量及材料费一般都低于施工图预算。但由于定额项目之间的水平不一致，有的项目也会出现施工预算的材料消耗量大于施工图预算。不过，总的消耗量应该是施工预算低于施工图预算。如果出现反常情况，则应进行分析研究，找出原因，采取措施，加以解决。

3）施工机械费的对比分析

施工预算的机械费，是根据施工组织设计或施工方案所规定的实际进场机械，按其种类、型号、台数、使用期限和台班单价计算的，而施工图预算的机械费是根据预算定额的机械种类、型号和台班数。按施工生产的一般情况，考虑合理搭配，综合取定的，同施工现场的实际情况不可能完全一致。因此，对"两算"来说，施工机械无法进行台班数量对比，只能以"两算"的机械费进行对比分析，如果发生施工预算的机械费大量超支，而又无特殊情况时，则应考虑改变原施工组织设计中的机械施工方案，尽量做到不亏损而略有节余。

4）周转材料使用费的对比分析

周转材料主要是指脚手架和模板。施工预算的脚手架是根据施工组织设计或施工方案规定的搭设方法和具体内容分别进行计算的。施工图预算所依据的预算定额是综合考虑脚手架的搭设，按不同结构和高度，以建筑面积计算脚手架的摊销费。施工预算的模板是按混凝土与模板的接触面积计算，而施工图预算的模板是按构件的混凝土体积计算。所以材料的消耗量，预算定额是按摊销量计算，企业定额是按一次使用量加损耗量计算。周转使用的脚手架和模板无法用实物量进行对比，只能按其费用进行对比。

5）其他直接费的对比分析

综上所述均属直接费的对比分析，关于施工管理费和其他费用应由公司或工程处（队），单独进行核算，不能同直接费混在一起，一般不进行"两算"对比。

3.4.4 设计概算

1. 设计概算的概念及其作用

（1）设计概算的概念

设计概算是确定设计概算造价的文件。一般由设计部门编制。

在两阶段设计中，扩大初步设计阶段编制设计概算；在三阶段设计中，初步设计阶段编制设计概算，技术设计阶段编制修正概算。

由于设计概算一般在设计单位由设计部门编制，所以通常又称为设计概算。

（2）设计概算的作用

设计概算的主要作用包括以下几个方面：

1）国家规定，竣工结算不能突破施工图预算，施工图预算不能突破设计概算，故概算的主要作用是国家控制建设投资，编制建设投资计划的依据。

2）设计部门在初步设计阶段要选择最佳设计方案，设计概算是从经济角度衡量设计方案经济合理性的重要依据。因此，概算是选择最佳设计方案的重要依据。

3）概算是建设投资包干和招标承包的依据。

4）概算中的主要材料用量是编制建设材料需用量计划的依据。

5）建设项目总概算是根据各单项工程综合概算汇总而成的，单项工程综合概算又是根据各设计概算汇总而成的。所以，设计概算是编制建设项目总概算的基础资料。

2. 设计概算编制方法及其特点

（1）设计概算的编制方法

设计概算的编制，一般采用三种方法：

1）用概算定额编制概算；

2）用概算指标编制概算；

3）用类似工程预算编制概算。

设计概算的编制方法主要由编制依据决定的。

设计概算的编制依据除了概算定额、概算指标、类似工程预算外，还必须有初步设计图纸（或施工图纸）、费用定额、地区材料预算价格、设备价目表等有关资料。

（2）设计概算编制方法的特点

1）用概算定额编制概算的特点

① 各项数据较齐全，结果较准确；

② 用概算定额编制概算，必须计算工程量。故设计图纸要能满足工程量计算的需要；

③ 用概算定额编制概算，计算的工作量较大，所以，比用其他方法编制概算所用的时间要长一些。

2）用概算指标编制概算的特点

① 编制时必须选用与所编概算工程相近的设计概算指标；

② 对所需要的设计图纸要求不高，只需满足符合结构特征、计算建筑面积的需要即可；

③ 数据不如用概算定额编制概算所提供的数据那么准确和全面；

④ 编制速度较快。

3）用类似工程预算编制概算的特点

① 要选用与所编概算工程结构类型基本相同的工程预算为编制依据；

② 设计图纸应满足能计算出工程量的要求；

③ 个别项目要按拟编工程施工图要求进行调整；

④ 提供的各项数据较齐全、较准确；

⑤ 编制速度较快。

在编制设计概算时，应根据编制要求、条件恰当地选择其编制方法。

3. 用概算定额编制概算

概算定额是在预算定额的基础上，按建筑物的结构部位划分的项目，再将若干个预算定额项目综合为一个概算定额项目的扩大结构定额。例如，在预算定额中，砖基础、墙基防潮层、人工挖地槽土方均分别各为一个分项工程项目。但在概算定额中。将这几个项目综合成了一个项目，称为砖基础工程项目。它包括了从挖地槽到墙基防潮层的全部施工过程。

用概算定额编制概算的步骤与施工图预算的编制步骤基本相同，也要列项、计算工程量、套用概算定额、进行工料分析、计算直接工程费、计算间接费、计算利润和税金等各项费用。

（1）列项

概算的编制与施工图预算的编制一样，遇到的首要问题就是列项。

概算的项目是根据概算定额的项目而定的。所以，列项之前必须先了解概算定额的项目划分情况。

概算定额的分部工程是按照建筑物的结构部位确定的。例如，某省的建筑工程概算定额划分为十个分部：

① 土石方、基础工程；②墙体工程；③柱、梁工程；④门窗工程；⑤楼地面工程；⑥屋面工程；⑦装饰工程；⑧厂区道路；⑨构筑物工程；⑩其他工程。

各分部中的概算定额项目一般都是由几个预算定额的项目综合而成的，经过综合的概算定额项目的定额单位与预算定额的定额单位是不相同的。只有了解了概算定额综合的基本情况，才能正确应用概算定额。列出工程项目，并据此计算工程量。

概算定额综合预算定额项目情况的对照表见表 3-8。

概算定额项目与预算定额项目对照表　　　　　　　　　　表 3-8

概算定额项目	单　位	综合的预算定额项目	单　位
砖基础	m³	砖砌基础	m³
		水泥砂浆墙基防潮层	m²
		基础挖土方、回填土	m³
砖外墙	m²	砖墙砌体	m³
		外墙面抹灰或勾缝	m²
		钢筋加固	t
		钢筋混凝土过梁	m³
		内墙面抹灰	m²
		刷石灰浆或涂料	m²
		零星抹灰	m²
现浇混凝土墙	m²	现浇钢筋混凝土墙体	m³
		内墙面抹灰	m²
		刷涂料	m²
门　窗	m²	门窗制作	m²
		门窗安装	m²
		门窗运输	m²
		门窗油漆	m²
现浇混凝土楼板	m²	楼面面层	m²
		现浇钢筋混凝土楼板	m³
		顶棚面抹灰	m²
		刷涂料	m²
预制空心板楼板	m²	楼板面层	m²
		预制空心板	m³
		板运输	m³
		板安装	m³
		板缝灌浆	m³
		顶棚面抹灰	m²
		刷涂料	m²

（2）工程量计算

概算工程量计算必须依据概算定额规定的计算规则进行。

概算工程量计算规则由于综合项目的原因和简化计算的原因，不同于预算工程量计算规则。现以某地区的概算与预算定额为例，说明它们之间的差别，见表 3-9。

部分概、预算工程量计算规则对比   表 3-9

项目名称	概算工程量计算规则	预算工程量计算规则
内墙基础、垫层	按中心线尺寸计算工程量后乘以系数 0.97	按图示尺寸计算工程量
内墙	按中心线长计算工程量，扣除门窗洞口面积	按净长尺寸计算工程量，扣除门窗框外围面积
内、外墙	不扣除嵌入墙身的过梁体积	要扣除嵌入墙身的过梁体积
楼地面垫层、面层	按中心线尺寸计算工程量后乘以系数 0.90	按净面积计算工程量
门窗	按门窗洞口面积计算	按门窗框外围面积计算

（3）直接费计算及工料分析

概算的直接费计算及工料分析与施工图预算的方法相同。现以表 3-10 的例子加以说明。

概算直接费计算及工料分析表   表 3-10

定额编号	项目名称	单位	工程量	单价			总价			锯材 (m³)	42.5 水泥 (kg)	中砂 (m³)
				基价	人工费	机械费	小计	人工费	机械费			
1-51	M5 水泥砂浆砌砖基础	m³	14.251	110.39	21.22	0.25	1573.17	302.41	3.56		79.54	0.30
											1133.52	4.275
1-48	C15 混凝土基础垫层	m³	5.901	108.59	13.55	1.22	640.79	79.96	7.20	0.007	239.37	0.48
										0.041	1412.52	2.832
	小计						2213.96	382.37	10.76	0.041	2546.04	7.107

4. 用概算指标编制概算

应用概算指标编制概算的关键问题是要选择合理的概算指标。对拟建工程选用较合理的概算指标，应符合以下三个方面的条件：

（1）拟建工程的建筑地点与概算指标中的工程地点在同一地区（如不同时需调整地区人工单价和地区材料预算价格）；

（2）拟建工程的工程特征和结构特征与概算指标中的工程、结构特征基率相同；

（3）拟建工程的建筑面积与概算指标中的建筑面积比较接近。

下面通过一个例子来说明概算的编制方法。

【例 3-4】拟在××市修建一幢 3000m² 的混合结构住宅。其工程特征与结构特征与表 4-18 的概算指标的内容基本相同。试根据该概算指标，编制土建工程概算。

【解】由于拟建工程与概算指标的工程在同一地区（不考虑材料价差），所以可以直接根据表 4-18～表 4-20 概算指标计算。工程概算价值见表 3-11。工程工料需用量见表 3-12。

某住宅工程概算价值计算表 表 3-11

序号	项目名称	计算式	金额（元）
1	土建工程造价	3000m² × 723.30 元/m² = 2169900.00 元	2169900.00
2	直接费	2169900.00 × 76.92% = 1669087.08 元	1669087.08
	其中：人工费	2169900.00 × 9.49% = 205923.51 元	205923.51
	材料费	2169900.00 × 59.68% = 1294996.32 元	1294996.32
	机械费	2169900.00 × 2.44% = 52945.56 元	52945.56
	措施费	2169900.00 × 5.31% = 115221.69 元	115221.69
3	施工管理费	2169900.00 × 7.89% = 171205.11 元	171205.11
4	规费	2169900.00 × 5.77% = 125203.23 元	125203.23
5	利润	2169900.00 × 6.34% = 137571.66 元	137571.66
6	税金	2169900.00 × 3.08% = 66823.92 元	66823.92

某住宅工程工料需用量计算表 表 3-12

序号	工料名称	单位	计算式	数量
1	定额用工	工日	3000m² × 5.959 工日/m²	17877
2	钢筋	t	3000m² × 0.053t/m²	159
3	型钢	kg	3000m² × 11.518kg/m²	34554
4	铁件	kg	3000m² × 0.002kg/m²	6
5	水泥	t	3000m² × 0.157t/m²	471
6	锯材	m³	3000m² × 0.021m³/m²	63
7	标准砖	千块	3000m² × 0.160 千块/m²	480
8	生石灰	t	3000m² × 0.018t/m²	54
9	砂子	m³	3000m² × 0.470m³/m²	1410
10	石子	m³	3000m² × 0.234m³/m²	702
11	炉渣	m³	3000m² × 0.016m³/m²	48
12	玻璃	m²	3000m² × 0.099m²/m²	297
13	胶合板	m²	3000m² × 0.264m²/m²	792
14	玻纤布	m²	3000m² × 0.240m²/m²	720
15	油漆	kg	3000m² × 0.693kg/m²	2079

用概算指标编制概算的方法较为简便。主要工作是计算拟建工程的建筑面积。然后再套用概算指标。直接算出各项费用和工料需用量。

在实际工作中，用概算指标编制概算时，往往选不到工程特征和结构特征完全相同的概算指标，总有一些差别。遇到这种情况可采取调整的方法修正这些差别。

调整方法一：

拟建工程在同一地点。建筑面积接近，但结构特征不完全一样。

例如，拟建工程是一砖外墙、木窗，概算指标中的工程是一砖半外墙、钢窗，这就要调整工程量和修正概算指标。

调整的基本思路是：从原概算指标中，减去每平方米建筑面积需换出的结构构件的价值，增加每平方米建筑面积需换入结构构件的价值，即得每平方米造价修正指标。再将每平方米造价修正指标乘上设计对象的建筑面积，就得到该工程的概算造价。

计算公式如下：

每平方米建筑面积造价修正指标＝原指标单方造价－每平方米建筑面积换出结构构件价值＋每平方米建筑面积换入结构构件价值

式中　每平方米建筑面积换出结构构件价值

$$= \frac{原指标结构构件工程量×地区概算定额工程单价}{原指标面积单位}$$

每平方米建筑面积换入结构构件价值

$$= \frac{拟建工程结构构件工程量×地区概算定额工程单价}{拟建工程建筑面积}$$

设计概算造价＝拟建工程建筑面积×每平方米建筑面积造价修正指标

【例 3-5】拟建工程建筑面积 3500m²。按图算出一砖外墙 632.51m²，木窗 250m²。原概算指标每 100m² 建筑面积一砖半外墙 25.71m²，钢窗 15.36m²，每平方米概算造价123.76 元。求修正后的单方造价和概算造价，见表 3-13。

建筑工程概算指标修正表（每 100m² 建筑面积）　　　　　　表 3-13

序号	定额编号	项 目 名 称	单位	数量	单价	复价	备　注
		换入部分					$632.51×\frac{100}{3500}=18.07m²$
1	2-78	一砖外墙	m²	18.07	23.76	429.34	
2	4-68	普通木窗	m³	7.14	74.52	532.07	$250×\frac{100}{3500}=7.14m²$
		小　计				961.41	
		换出部分					
3	2-79	一砖半外墙	m²	25.71	30.31	779.27	
4	4-90	单层钢窗	m³	15.36	59.16	908.70	
		小　计				1687.97	

【解】　每平方米建筑面积造价修正指标$=123.76+\frac{961.41}{100}-\frac{1687.97}{100}$

$$=123.76+9.61-16.88=116.49 元/m$$

拟建工程概算造价＝3500×116.49＝407715 元

调整方法二：

不通过修正每平方米造价指标而直接修正原指标中的工料数量。

具体做法是：从原指标的工料数量和机械费中，换出拟建工程不同的结构构件人工、材料数量和调整机械费，换入所需的人工、材料和机械费。这些费用根据换入、换出结构构件工程量乘以相应概算定额中的人工、材料数量和机械费算出。

用概算指标编概算,工程量的计算量较小,也节省了大量套定额和工料分析的时间,编制速度较快。但相对来说准确性要差一些。

5. 用类似工程预算编制概算

类似工程预算是指已经编好并用于某工程的施工图预算。

用类似工程预算编制概算具有编制时间短、数据较为准确等特点。

如果拟建工程的建筑面积和结构特征与所选的类似工程预算的建筑面积和结构特征基本相同,那么就可以直接采用类似工程预算的各项数据编制拟建工程概算。

当出现下列两种情况时,就要修正类似工程预算的各项数据:

(1) 拟建工程与类似工程不在同一地区,这时就要产生工资标准、材料预算价格、机械费、间接费等的差异。

(2) 拟建工程与类似工程在结构上有差异。

当出现第二种情况的差异时,可参照修正概算造价指标的方法加以修正。

当出现第一种情况的差异时,则需计算修正系数。

计算修正系数的基本思路是:先分别求出类似工程预算的人工费、材料费、机械费、间接费和其他间接费在全部预算成本中所占的比例(分别以 γ_1、γ_2、γ_3、γ_4、γ_5 表示),然后再计算这五种因素的修正系数,最后求出总修正系数。

计算修正系数的目的是为了求出类似工程预算修正后的平方米造价,用拟建工程的建筑面积乘上修正系数后的平方米造价,就得到了拟建工程的概算造价。

修正系数计算公式如下:

$$工资修正系数 \ K_1 = \frac{编制概算地区一级工工资标准}{类似工程所在地区一级工工资标准}$$

$$材料预算价格修正系数 \ K_2 = \frac{\Sigma 类似工程各主要材料用量 \times 编制概算地区材料预算价格}{\Sigma 类似工程主要材料费}$$

$$机械使用费修正系数 \ K_3 = \frac{\Sigma 类似工程各主要机械台班量 \times 编制概算地区机械台班预算价格}{\Sigma 类似工程各主要机械使用费}$$

$$间接费修正系数 \ K_4 = \frac{编制概算地区间接费费率}{类似工程所在地间接费费率}$$

$$其他间接费修正系数 \ K_5 = \frac{编制概算地区其他间接费费率}{类似工程所在地区其他间接费费率}$$

$$预算成本总修正系数 \ K = \gamma_1 K_1 + \gamma_2 K_2 + \gamma_3 K_3 + \gamma_4 K_4 + \gamma_5 K_5$$

拟建工程概算造价计算公式:

拟建工程概算造价=修正后的类似工程单方造价×拟建工程建筑面积

其中修正后的类似工程单方造价=类似工程修正后的预算成本×(1+利税率);

类似工程修正后的预算成本=类似工程预算成本×预算成本总修正系数。

【例 3-6】有一幢新建办公大楼,建筑面积 $2000 m^2$,根据下列类似工程预算的有关数据计算该工程的概算造价。

(1) 建筑面积:$1800 m^2$

(2) 工程预算成本:1098000 元

(3) 各种费用占成本的百分比:

人工费 8%,材料费 62%,机械费 9%,间接费 16%,规费 5%。

(4) 已计算出的各修正系数为:

$K_1 = 1.02$，$K_2 = 1.05$，$K_3 = 0.99$，$K_4 = 1.0$，$K_5 = 0.95$。

【解】（1）计算预算成本总修正系数 K

$K = 0.08 \times 1.02 + 0.62 \times 1.05 + 0.09 \times 0.99 + 0.16 \times 1.0 + 0.05 \times 0.95 = 1.03$

（2）计算修正预算成本

修正预算成本 $= 1098000 \times 1.03 = 1130940$ 元

（3）计算类似工程修正后的预算造价（利税率为 8%）

类似工程修正后的预算造价 $= 1130940 \times (1 + 8\%) = 1221415.20$ 元

（4）计算修正后的单方造价

类似工程修正后的单方造价 $= 1221415.20 \div 1800 = 678.56$ 元/m²

（5）计算拟建办公楼的概算造价

办公楼概算造价 $= 2000 \times 678.56 = 1357120$ 元

如果拟建工程与类似工程相比较，结构构件有局部不同时，应通过换入和换出结构构件价值的方法，计算净增（减）值，然后再计算拟建工程的概算造价。

计算公式如下：

修正后的类似工程预算成本 $=$ 类似工程预算成本 $\times$ 总修正系数
$+$ 结构件净价值 $+$（$1 +$ 修正间接费费率）

修正后的类似工程预算造价 $=$ 修正后类似工程预算成本 $\times$（$1 +$ 利税率）

$$修正后的类似工程单方造价 = \frac{修正后类似工程预算造价}{类似工程建筑面积}$$

拟建工程概算造价 $=$ 拟建工程建筑面积 $\times$ 修正后的类似工程单方造价

【例 3-7】设【例 3-6】办公楼的局部结构构件不同，净增加结构构件价值 1550 元，其余条件相同，试计算该办公楼的概算造价。

【解】修正后的类似工程预算成本 $= 1098000 \times 1.03 + 1550 \times (1 + 16\% \times 1.0 + 5\% \times 0.95)$
$= 1132811.63$ 元

修正后的类似工程预算造价 $= 1132811.63 \times (1 + 8\%) = 1223436.56$ 元

3.4.5 工程结算

1．概述

（1）工程结算

工程结算亦称工程竣工结算，是指单位工程竣工后，施工单位根据施工实施过程中实际发生的变更情况，对原施工图预算工程造价或工程承包价进行调整、修正、重新确定工程造价的经济文件。

虽然承包商与业主签订了工程承包合同，按合同价支付工程价款，但是，施工过程中往往会发生地质条件的变化、设计变更、业主提出新的要求、施工情况发生了变化等。这些变化通过工程索赔以确认，那么，工程竣工后就要在原承包合同价的基础上进行调整，重新确定工程造价。这一过程就是编制工程结算的主要过程。

（2）工程结算与竣工决算的联系和区别

工程结算是由施工单位编制的，一般以单位工程为对象；竣工决算是由建设单位编制的，一般以一个建设项目或单项工程为对象。

工程结算如实反映了单位工程竣工后的工程造价；竣工决算综合反映了竣工项目的建设成果和财务情况。

竣工决算由若干个工程结算和费用概算汇总而成。

2. 工程结算的内容

工程结算一般包括下列内容：

（1）封面

内容包括：工程名称、建设单位、建筑面积、结构类型、结算造价、编制日期等，并设有施工单位、审查单位以及编制人、复核人、审核人的签字盖章的位置。

（2）编制说明

内容包括：编制依据、结算范围、变更内容、双方协商处理的事项及其他必须说明的问题。

（3）工程结算直接费计算表

定额编号、分项工程名称、单位、工程量、定额基价、合价、人工费、机械费等。

（4）工程结算费用计算表

内容包括：费用名称、费用计算基础、费率、计算式、费用金额等。

（5）附表

内容包括：工程量增减计算表、材料价差计算表、补充基价分析表等。

3. 工程结算编制依据

编制工程结算除了应具备全套竣工图纸、预算定额、材料价格、人工单价、取费标准外，还应具备以下资料：

（1）工程施工合同；

（2）施工图预算书；

（3）设计变更通知单；

（4）施工技术核定单；

（5）隐蔽工程验收单；

（6）材料代用核定单；

（7）分包工程结算书；

（8）经业主、监理工程师同意确认的应列入工程结算的其他事项。

4. 工程结算的编制程序和方法

单位工程竣工结算的编制，是在施工图预算的基础上，根据业主和监理工程师确认的设计变更资料、修改后的竣工图、其他有关工程索赔资料，先进行直接费的增减调整计算，再按取费标准计算各项费用，最后汇总为工程结算造价。其编制程序和方法概述为：

（1）收集、整理、熟悉有关原始资料；

（2）深入现场，对照观察竣工工程；

（3）认真检查复核有关原始资料；

（4）计算调整工程量；

（5）套定额基价，计算调整直接费；

（6）计算结算造价。

5. 工程结算编制实例

营业用房工程已竣工，在工程施工过程中发生了一些变更情况，根据这些情况需要编制工程结算。

（1）营业用房工程变更情况

营业用房基础平面图见图 3-2，基础详图见图 3-3。

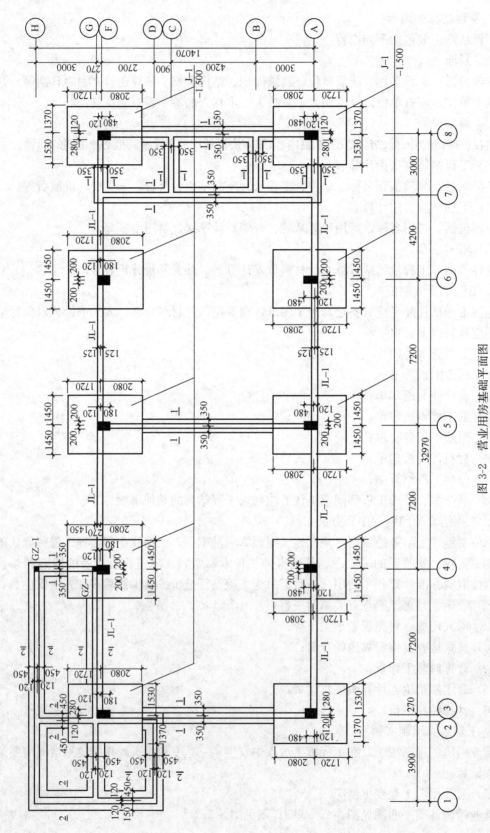

图 3-2 营业用房基础平面图

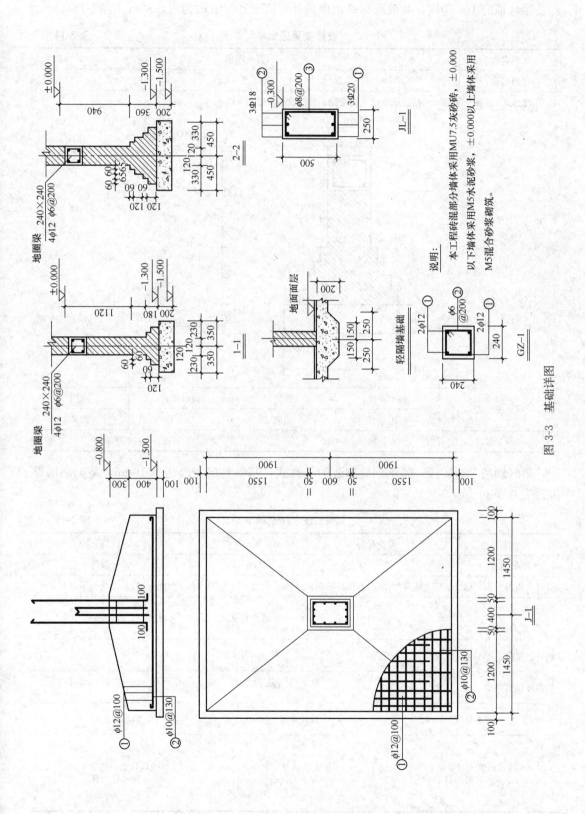

说明：
本工程砖混部分墙体采用MU7.5灰砂砖，±0.000
以下墙体采用M5水泥砂浆，±0.000以上墙体采用
M5混合砂浆砌筑。

图 3-3 基础详图

第⑪轴的①～④段，基础底标高由原设计标高－1.50m改为－1.80m（表3-14）。

设计变更通知单   表 3-14

工程名称	营业用房
项目名称	砖 基 础

⑪轴上①～④轴由于地槽开挖后地质情况有变化，故修改砖基础如下图：

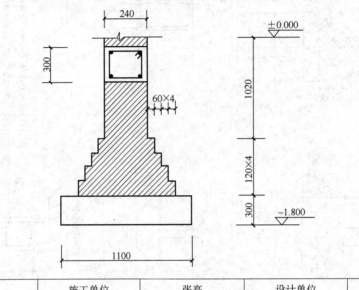

审 查 人	施工单位	张亮	设计单位	陈功
	监理单位	胡成	校 核	徐义
编 号		G-003		2004 年 4 月 5 日

第⑪轴的①～④段，砖基础放脚改为等高式，基础垫层宽改为 1.100m，基础垫层厚度改为 0.30m（表3-15）。

施工技术核定单   表 3-15

工程名称	营业用房	提出单位	××建筑公司
图纸编号	G-101	核定单位	××银行
核定内容	C20 混凝土地圈梁由原设计 240mm×240mm 截面，改为 240mm×300mm 截面，长度不变		
建设单位意见	同意修改意见		
设计单位意见	同 意		
监理单位意见	同 意		
	提出单位	核定单位	监理单位
	技术负责人（签字） ×年×月×日	核定人（签字） ×年×月×日	现场代表（签字） ×年×月×日

C20 混凝土地圈梁由原设计 240mm×240mm 截面，改为 240mm×300mm 截面，长度不变（表 3-15）。

基础施工图 2-2 剖面有垫层砖基础计算结果有误，需更正（表 3-16）。

隐 蔽 工 程 验 收 单   表 3-16

建设单位：××银行   施工单位：

工程名称	营业用房	隐蔽日期	×年×月×日
项目名称	砖基础	施工图号	G-101

施工说明及简图

按照×月×日签发的设计变更通知单，⑭轴上①～④轴的地槽、砖基础、混凝土垫层、施工后的验收情况如下图：

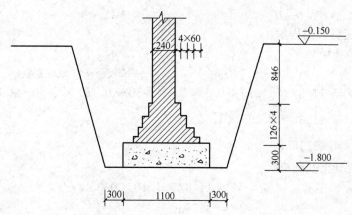

建设单位：××银行	监理单位：××监理公司	施工单位：××建筑公司
		施工负责人：
主管负责人：	现场代表：	质检员：

×年×月×日

（2）计算调整工程量

1）原预算工程量

① 人工挖地槽

$$V = (3.90 + 0.27 + 7.20) \times (0.90 + 2 \times 0.30) \times 1.35$$
$$= 11.37 \times 1.50 \times 1.35$$
$$= 23.02 m^3$$

② C15 混凝土基础垫层

$$V = 11.37 \times 0.90 \times 0.20 = 2.05 m^3$$

③ M5 水泥砂浆砌砖基础

$$V = 11.37 \times [1.06 \times 0.24 + 0.007875 \times (12-4)]$$

$$= 11.37 \times 0.3174$$

$$= 3.61 \text{m}^3$$

④ C20 混凝土地圈梁

$$V = (12.10 + 39.18 + 8.75 + 32.35) \times 0.24 \times 0.24$$

$$= 92.38 \times 0.24 \times 0.24$$

$$= 5.32 \text{m}^3$$

⑤ 地槽回填土

$$V = 23.02 - 2.05 - 3.61 - (0.24 - 0.15) \times 0.24 \times 11.37$$

$$= 23.02 - 2.05 - 3.61 - 0.25$$

$$= 17.11 \text{m}^3$$

2）工程变更后工程量

① 人工挖地槽

$$\overset{\underset{\mdisplaystyle \lfloor 1.65 \text{深} \rfloor \quad \text{放坡系数}}{}}{V = 11.37 \times [1.10 + 0.3 \times 2 + (1.80 - 0.15) \times 0.30] \times 1.65}$$

$$= 11.37 \times 2.195 \times 1.65$$

$$= 41.18 \text{m}^3$$

② C15 混凝土基础垫层

$$V = 11.37 \times 1.10 \times 0.30$$

$$= 3.75 \text{m}^3$$

③ M5 水泥砂浆砌砖基础

$$\overset{\underset{\displaystyle \text{垫层} \qquad \text{圈梁}}{}}{\text{砖基础深} = 1.80 - 0.30 - 0.30 = 1.20 \text{m}}$$

$$V = 11.37 \times (1.20 \times 0.24 + 0.007875 \times 20)$$

$$= 11.37 \times 0.4455$$

$$= 5.07 \text{m}^3$$

④ C20 混凝土地圈梁

$$V = 92.38 \times 0.24 \times 0.30 = 6.65 \text{m}^3$$

⑤ 地槽回填土

$$V = 41.18 - 3.75 - 5.07 - 6.65 - (0.30 - 0.15) \times 0.24 \times 11.37$$

$$= 25.71 - 0.41$$

$$= 25.30 \text{m}^3$$

3）⑭轴①～④段工程变更后工程量调整

① 人工挖地槽

$$V = 41.18 - 23.02 = 18.16 \text{m}^3$$

② C15 混凝土基础垫层

$$V = 3.75 - 2.05 = 1.70\text{m}^3$$

③ M5 水泥砂浆砌砖基础

$$V = 5.07 - 3.61 = 1.46\text{m}^3$$

④ C20 混凝土地圈梁

$$V = 6.65 - 5.32 = 1.33\text{m}^3$$

⑤ 地槽回填土

$$V = 25.30 - 17.11 = 8.19\text{m}^3$$

4）C20 混凝土地圈梁变更后，砖基础工程量调整

① 需调整的砖基础长

$$L = 92.38 - 11.37 = 81.01\text{m}$$

② 圈梁高度调整为 0.30m 后，砖基础减少

$$V = 81.01 \times (0.30 - 0.24) \times 0.24$$
$$= 81.01 \times 0.0144$$
$$= 1.17\text{m}^3$$

5）原预算砖基础工程量计算有误调整

① 原预算有垫层砖基础 2—2 剖面工程量

$$V = 10.27\text{m}^3$$

② 2—2 剖面更正后工程量

$$V = 32.35 \times [1.06 \times 0.24 + 0.007875 \times (20 - 4)]$$
$$= 12.31\text{m}^3$$

③ 砖基础工程量调增

$$V = 12.31 - 10.27 = 2.04\text{m}^3$$

④ 由砖基础增加引起地槽回填土减少

$$V = -2.04\text{m}^3$$

⑤ 由砖基础增加引起人工运土增加

$$V = 2.04\text{m}^3$$

（3）调整项目工、料、机分析

调整项目工、料、机分析见表 3-17。

（4）调整项目直接工程费计算

调整项目直接工程费计算见表 3-18。

表 3-17

调整项目工、料、机分析表

工程名称：营业用房

序号	定额编号	项目名称	单位	工程数量	综合工日	机械台班 电动打夯机	200L灰浆搅拌机	平板振动器	400L搅拌机	插入式振动器	材料用量 M5水泥砂浆 (m³)	黏土砖 (块)	水 (m³)	C20混凝土 (m³)	草袋子 (m²)	C10混凝土 (m³)
		一、调增项目														
	1-46	人工地槽回填土	m³	18.16	0.294/5.34	0.08/1.45										
	8-16	C15混凝土基础垫层	m³	1.70	1.225/2.08			0.079/0.13	0.101/0.17				0.50/0.85			1.01/1.72
	4-1	M5水泥砂浆砌砖基础	m³	1.46	1.218/1.78		0.039/0.06				0.236/0.345	524/765	0.105/0.15			
	5-408	C20混凝土地圈梁	m³	1.33	2.41/3.21				0.039/0.05	0.077/0.10			0.984/1.31	1.015/1.35	0.826/1.10	
	1-46	人工地槽回填土	m³	8.19	0.294/2.41	0.08/0.66										
	4-1	M5水泥砂浆砌砖基础	m³	2.04	1.218/2.48		0.039/0.08				0.236/0.48	524/1069	0.105/0.21			
	1-49	人工运土	m³	2.04	0.204/0.42											
		调增小计			17.22	2.11	0.14	0.13	0.22	0.10	0.83	1834	2.52	1.35	1.10	1.72
		二、调减项目														
	4-1	M5水泥砂浆砌砖基础	m³	1.17	1.218/1.43		0.039/0.05				0.236/0.28	524/613	0.105/0.12			
	1-46	人工回填土	m³	2.04	0.294/0.60	0.08/0.16						613	0.12			
		调减小计			2.03	0.16	0.05				0.28	613	0.12			
		合 计			15.69	1.95	0.09	0.13	0.22	0.10	0.55	1221	2.40	1.35	1.10	1.72

调整项目直接工程费计算表（实物金额法）　　　　　　表 3-18

工程名称：营业用房

序号	名　称	单位	数量	单价（元）	金额（元）
一	人工	工日	15.69	25.00	392.25
二	机械				64.43
1	电动打夯机	台班	1.95	20.24	39.47
2	200L 灰浆搅拌机	台班	0.09	15.92	1.43
3	400L 混凝土搅拌机	台班	0.22	94.59	20.81
4	平板振动器	台班	0.13	12.77	1.66
5	插入式振动器	台班	0.10	10.62	1.06
三	材料				696.00
	M5 水泥砂浆	m³	0.55	124.32	68.38
	黏土砖	块	1221	0.15	183.15
	水	m³	2.40	1.20	2.88
	C20 混凝土	m³	1.35	155.93	210.51
	草袋子	m²	1.10	1.50	1.65
	C15 混凝土	m³	1.72	133.39	229.43
	小　计				1152.68

说明：表中各费用项目均以不包含增值税可抵扣进项税额的价格计算。

（5）营业用房调整项目工程造价计算

营业用房调整项目工程造价计算的费用项目及费率完全同预算造价计算过程见表 3-19。

营业用房调整项目工程造价计算表　　　　　　表 3-19

序号	费用名称	计算式	金额（元）
（一）	直接工程费	见表 3-18	1152.68
（二）	单项材料价差调整	采用实物金额法不计算此费用	
（三）	综合系数调整材料价差	采用实物金额法不计算此费用	

序号		费用名称	计算式	金额（元）
（四）	措施费	环境保护费	1152.68×0.4％＝4.61元	58.78
		文明施工费	1152.68×0.9％＝10.37元	
		安全施工费	1152.68×1.0％＝11.53元	
		临时设施费	1152.68×2.0％＝23.05元	
		夜间施工增加费	1152.68×0.5％＝5.76元	
		二次搬运费	1152.68×0.3％＝3.46元	
		大型机械进出场及安拆费	—	
		脚手架费	—	
		已完工程及设备保护费	—	
		混凝土及钢筋混凝土模板及支架费	—	
		施工排、降水费	—	
（五）	规费	工程排污费		87.68
		工程定额测定费	1152.68×0.12％	
		社会保障费	见表3-18：392.25×16％	
		住房公积金	见表3-18：392.25×6.0％	
		危险作业意外伤害保险		
（六）		企业管理费	1152.68×5.1％	58.79
（七）		利润	1152.68×7％	80.69
（八）		增值税	1438.62×10％	143.86
		工程造价	序（一）～序（八）之和	1582.48

说明：表中各项费用项目均以不包含增值税可抵扣进项税额的价格计算。

（6）营业用房工程结算造价

1）营业用房原工程预算造价

预算造价＝590861.22元

2）营业用房调整后增加的工程造价

调增造价＝1596.87元（表3-19）

3）营业用房工程结算造价

工程结算造价＝590861.22＋1596.87＝592458.09元

3.5 清单计价方式下工程造价的确定

3.5.1 工程量清单计价的概念

工程量清单计价是一种国际上通行的工程造价计价方式。即在建设工程招标投标中，招标人按照国家统一规定的《建设工程工程量清单计价规范》GB 50500—2013的要求以及施工图，提供工程量清单，由投标人依据工程量清单、施工图、企业定额或预算定额、市场价格自主报价并经评审后，以合理低价中标的工程造价计价方式。

3.5.2 工程量清单报价编制内容

工程量清单报价编制内容包括，工料机消耗量的确定，综合单价的确定，措施项目费的确定和其他项目费的确定。

1. 工料机消耗量的确定

工料机消耗量是根据分部分项工程量和有关消耗量定额计算出来的。其计算公式为：

$$\begin{matrix}\text{分部分项工程}\\\text{人工工日}\end{matrix} = \begin{matrix}\text{分部分项}\\\text{主项工程量}\end{matrix} \times \text{定额用工量} + \Sigma\left(\begin{matrix}\text{分部分项}\\\text{附项工程量}\end{matrix} \times \begin{matrix}\text{定额}\\\text{用工量}\end{matrix}\right)$$

$$\begin{matrix}\text{分部分项工程某}\\\text{种材料用量}\end{matrix} = \begin{matrix}\text{分部分项}\\\text{主项工程量}\end{matrix} \times \begin{matrix}\text{某种材料}\\\text{定额用量}\end{matrix} + \Sigma\left(\begin{matrix}\text{分部分项}\\\text{附项工程量}\end{matrix} \times \begin{matrix}\text{某种材料}\\\text{定额用量}\end{matrix}\right)$$

$$\begin{matrix}\text{分部分项工程某种}\\\text{机械台班用量}\end{matrix} = \begin{matrix}\text{分部分项}\\\text{主项工程量}\end{matrix} \times \begin{matrix}\text{某种机械}\\\text{定额台班量}\end{matrix} + \Sigma\left(\begin{matrix}\text{分部分项}\\\text{附项工程量}\end{matrix} \times \begin{matrix}\text{某种机械}\\\text{定额台班用量}\end{matrix}\right)$$

在套用定额分析计算工料机消耗量时，分两种情况：一是直接套用；二是分别套用。

(1) 直接套用定额，分析工料机用量

当分部分项工程量清单项目与定额项目的工程内容和项目特征完全一致时，就可以直接套用定额消耗量，计算出分部分项的工料机消耗量。例如，某工程 250mm 半圆球吸顶灯安装清单项目，可以直接套用工程内容相对应的消耗量定额时，就可以采用该定额分析工料机消耗量。

(2) 分别套用不同定额，分析工料机用量

当定额项目的工程内容与清单项目的工程内容不完全相同时，需要按清单项目的工程内容，分别套用不同的定额项目。例如，某工程 M5 水泥砂浆砌砖基础清单项目，还包含了水泥砂浆防潮层附项工程量时，应分别套用水泥砂浆防潮层消耗量定额和 M5 水泥砂浆砌砖基础消耗量定额，分别计算其工料机消耗量。

2. 综合单价的确定

综合单价是有别于预算定额基价的另一种计价方式。

综合单价以分部分项工程项目为对象，从我国的实际情况出发，包括了除规费和税金以外的，完成分部分项工程量清单项目规定的单位合格产品所需的全部费用。

综合单价主要包括：人工费、材料费、机械费、管理费、利润和风险费等费用。

综合单价不仅适用于分部分项工程量清单，也适用于措施项目清单、其他项目清单的计算等。

综合单价的计算公式表达为：

$$\begin{matrix}\text{分部分项工程量}\\\text{清单项目综合单价}\end{matrix} = \text{人工费} + \text{材料费} + \text{机械费} + \text{管理费} + \text{利润}$$

式中

$$\text{人工费} = \sum_{i=1}^{n}(\text{定额工日} \times \text{人工单价})_i$$

$$\text{材料费} = \sum_{i=1}^{n}\left(\begin{matrix}\text{某种材料}\\\text{定额消耗量}\end{matrix} \times \text{材料单价}\right)_i$$

$$\text{机械费} = \sum_{i=1}^{n}\left(\begin{matrix}\text{某种机械}\\\text{台班使用量}\end{matrix} \times \text{台班单价}\right)_i$$

$$\text{管理费} = \text{人工费（或直接费）} \times \text{管理费费率}$$

$$\text{利润} = \text{人工费（或定额直接费）} \times \text{利润率}$$

3. 措施项目费的确定

措施项目费包括单价措施项目费和总价措施项目费。

（1）单价措施项目

单价措施项目是指可以通过按施工图计算工程量后，套用预算定额编制出综合单价的计算项目。例如，模板费、脚手架费、大型机械设备进出场及安拆费、垂直运输机械费等，都可以根据已有的定额数据计算确定。其计算方法与分部分项工程费的计算方法相同。

（2）总价措施项目

总价措施项目是指不能计算工程量，只能通过规定的计算基础和费率计算出的措施项目费。例如，临时设施费、安全文明施工费、二次搬运费等，可以按定额人工费或者定额直接费为基础乘以规定的系数计算。

4. 其他项目费的确定

其他项目费中，可以列入暂列金额和工程暂估价，可以根据工程暂估价和招标文件规定，计算总承包服务费。计日工项目费应根据"计日工"表的内容确定。

5. 规费的确定

社会保险费、住房公积金等规费是按工程造价行政主管部门文件规定的计算基础和费率确定的。

6. 税金

税金是按工程造价行政主管部门文件规定的计算基础和费率确定的。

3.5.3 工程量清单报价编制示例

【例3-8】根据下列条件和规定，计算人工挖地槽土方、混凝土基础垫层两个分项工程项目的清单报价。

某工程分部分项工程量清单：

①项目编码：010101003001　　项目名称：挖沟槽土方　　工程量：34.18m³

②项目编码：010501001001　　项目名称：现浇 C15 混凝土基础垫层　　工程量：5.70m³

预算定额：见"表 3-1"

企业管理费：定额人工费×20%

利润：定额人工费×22%

单价措施项目费：无

总价措施项目费：定额人工费×10%

其他项目费：无

规费：定额人工费×18%

综合税率：（分部分项工程费＋措施项目费＋其他项目费＋规费）×3.48%

【解】

（1）确定综合单价

1）挖沟槽土方清单项目综合单价编制

根据表 3-2 中的定额数据和【例 3-7】的挖地槽土方清单工程量和企业管理费费率及利润率确定该项目的综合单价，计算过程见表 3-20。

综合单价分析表 表 3-20

工程名称：某工程　　　　　　　标段：　　　　　　　第 1 页共 1 页

项目编码	010101003001	项目名称		挖沟槽土方		计量单位	m³	工程量		34.18

清单综合单价组成明细

定额编号	定额项目名称	定额单位	数量	单价				合价			
				人工费	材料费	机械费	管理费和利润	人工费	材料费	机械费	管理费和利润
1-8	挖地槽土方	m³	34.18	37.59			15.79	1284.82			539.70
								1284.82			539.70

人工单价	小　计	1824.52 元
70.00 元/工日	综合单价	1824.52÷34.18＝53.38 元/m³

说明：1. 管理费和利润＝定额人工费×42%。

　　　2. 表中各项费用均以不包含增值税可抵扣进项税额的价格计算。

2）现浇 C15 混凝土基础垫层清单项目综合单价编制

根据表 3-2 中的定额数据、【例 3-7】中的基础垫层清单工程量和企业管理费费率及利润率确定该项目的综合单价，计算过程见表 3-21。

综合单价分析表 表 3-21

工程名称：某工程　　　　　　　标段：　　　　　　　第 1 页共 1 页

项目编码	010501001001	项目名称		混凝土基础垫层		计量单位	m³	工程量		5.70

清单综合单价组成明细

定额编号	定额项目名称	定额单位	数量	单价				合价			
				人工费	材料费	机械费	管理费和利润	人工费	材料费	机械费	管理费和利润
8-16	C15混凝土基础垫层	m³	5.70	125.30	188.06	8.37	52.63	714.21	1071.94	47.71	299.99
	……										
								714.21	1071.94	47.71	299.99

人工单价	小　计	2133.85 元
90.00 元/工日	综合单价	2133.85÷5.70＝374.36 元/m³

说明：1. 管理费和利润＝定额人工费×42%。

　　　2. 表中各项费用均以不包含增值税可抵扣进项税额的价格计算。

（2）计算分部分项工程费

根据表 3-20 中的综合单价 53.38 元/m³ 和 34.18m³ 的清单工程量以及表 3-21 中的综合单价 374.36/m³ 和 5.70m³ 的清单工程量计算该工程的分部分项工程费，计算过程见表 3-22。

分部分项工程和单价措施项目清单与计价表 表 3-22

工程名称：某工程　　　　　　　　　标段：　　　　　　　　　第1页共1页

序号	项目编码	项目名称	项目特征描述	计量单位	工程量	综合单价	合价	暂估价
							金额（元）	其中
		A. 土方工程						
1	010101003001	挖沟槽土方	1. 三类土 2. 运距自定	m³	34.18	53.38	1824.53	
		......						
		分部小计					1824.53	
		E. 混凝土工程						
2	010501001001	基础垫层	1. 砾石混凝土 2. C10 混凝土	m³	5.70	374.36	2133.85	
		......						
		分部小计					2133.85	
		合计					3958.38	

（3）计算总价措施项目费

某地区规定，安全文明施工费费率5%、夜间施工增加费费率3%、二次搬运费费率2%，他们的计算基础是定额人工费乘以10%费率，按此规定计算总价措施项目费，计算过程见表3-23。

总价措施项目清单与计价表 表 3-23

工程名称：某工程　　　　　　　　　标段：　　　　　　　　　第1页共1页

序号	项目编码	项目名称	计算基础	费率（%）	金额（元）
1	011707001001	安全文明施工费	定额人工费 （1284.82＋714.21＝1999.03）	5	99.95
2	011707002001	夜间施工增加费	定额人工费 （1999.03）	3	59.97
3	011707005001	二次搬运费	定额人工费 （1999.03）	2	39.98
		......			
		小　计			199.90

（4）计算规费和税金

某地区规定，社会保险费费率10%、住房公积金费率8%，他们的计算基础是定额人工费，按此规定计算规费。增值税税率为税前造价的 10%，计算过程见表 3-24。

规费、税金项目计算表   **表 3-24**

工程名称：某工程　　　　　　　　标段：　　　　　　　　第 1 页共 1 页

序号	项目名称	计算基础	计算基数	计算费率（%）	金额（元）
1	规费				359.82
1.1	社会保险费	定额人工费	1999.03	10	199.90
1.2	住房公积金	定额人工费	1999.03	8	159.92
2	增值税 税金	分部分项工程费＋措施项目费 ＋其他项目费＋规费	3958.38＋199.90＋359.82 ＝4518.10	10.00	451.81
		......			
	合计				811.63

（5）编制投标报价汇总表

根据表 3-22～表 3-24 的数据汇总为单位工程投标报价汇总表，汇总工程见表 3-25。

单位工程投标报价汇总表   **表 3-25**

工程名称：某工程　　　　　　　　标段：　　　　　　　　第 1 页共 1 页

序号	汇总内容	金额（元）	其中：暂估价（元）
1	分部分项工程费	3958.38	
1.1	土方工程	1824.53	
1.2	砌筑工程	2133.85	
	......		
2	措施项目	199.90	
2.1	其中：安全文明施工费	99.95	
3	其他项目费	无	
4	规费	359.82	
5	增值税税金	451.81	
投标报价合计＝序1＋序2＋序3＋序4＋序5		4969.91	

说明：表中各项费用均以不包含增值税可抵扣进项税额的价格计算。

3.6　营改增后工程造价计算方法

中华人民共和国财政部与国家税务局 2016 年颁发了《关于全面推开营业税改征增值税试点的通知》（财税〔2016〕36 号），建筑业从 2016 年 5 月 1 日起全面实施营业税改增值税。

3.6.1　概述

1. 什么是增值税

增值税是对纳税人生产经营活动的增值额征收的一种税，是流转税的一种。增值额是纳税人生产经营活动实现的销售额与其从其他纳税人购入货物、劳务、服务之间的差额。

2. 增值税计算与营业税计算的异同

（1）建设工程增值税与营业税的计算基础不同

营业税是价内税，营业税是计算工程造价的基础，建筑安装材料（设备）等所含营业税也是计算工程造价的基础。

增值税是价外税，增值税的计算基础不含增值税，也不含建筑安装材料（设备）等的增值税。

（2）计算方法基本相同

含营业税或增值税的投标报价，计算分部分项工程费、措施项目费、其他项目费、规费的方法完全相同。

（3）"营改增"后投标价计算的主要区别

增值税计算基础的人工费、材料费、机具费、企业管理费、措施项目费、其他项目费等不能含增值税。

将城市维护建设税、教育费附加、地方教育附加归并到了企业管理费，因此企业管理费的计算费率要提高。

3. 什么是"营改增"

我们通常所说的"营改增"是营业税改征增值税的简称，是指将建筑业、交通运输业和部分现代服务业等纳税人，从原来的按营业额缴纳营业税，转变为按增值额征税缴纳增值税，实行环环征收、道道抵扣。

增值税是对在我国境内销售货物、提供加工、修理修配劳务以及进口货物的单位和个人，就其取得的增值额为计算依据征收的一种税。

4. 为什么要实施"营改增"

（1）避免了营业税重复征税、不能抵扣、不能退税的弊端，能有效降低企业税负。

（2）把营业税的"价内税"变成了增值税的"价外税"，形成了增值税进项和销项的抵扣关系，从深层次影响产业结构。

5. "营改增"范围

扩大了试点行业范围后将建筑业、金融业、房地产业、生活服务纳入营改增范围。将不动产纳入抵扣。

6. 增值税税率

营改增政策实施后，增值税税率实行 5 级制（16％、13％、10％、6％、0），小规模纳税人，可选择简易计税方法征收 3％的增值税（表 3-26）。

营改增各行业所适用的增值税税率 表 3-26

行业	增值税率（％）	营业税率（％）
建筑业	10	3
房地产业	10	5
金融业	6	5
生活服务业	6	一般为 5％，特定娱乐业适用 3％～20％税率

说明：销售企业增值税率为 16％。

3.6.2 营改增后施工图预算工程造价计算方法

1. 住房和城乡建设部有关增值税的规定

《住房和城乡建设部办公厅关于做好建筑业营改增建设工程计价依据调整准备工作的通知》（建办标〔2016〕4号）及建办标〔2018〕20号文件要求，工程造价计算方法如下：

工程造价＝税前工程造价×（1＋10％）。其中，10％为建筑业拟征增值税税率，税前工程造价为人工费、材料费、施工机具使用费、企业管理费、利润和规费之和，各费用项目均以不包含增值税可抵扣进项税额的价格计算，相应计价依据按上述方法调整。

2. 增值税计算有关规定与方法

（1）中华人民共和国增值税暂行条例规定

1）应纳税额

纳税人销售货物或提供应税劳务（以下简称销售货物或者应税劳务），应纳税额为当期销项税额抵扣当期进项税额后的余额。应纳税额计算公式：

$$应纳税额 ＝ 当期销项税额 － 当期进项税额$$

2）销项税额

是指纳税人发生应税行为按照销售额和增值税税率计算并收取的增值税额。

（2）增值税、销项税、进项税举例

B企业从A企业购进一批货物，货物价值为100元(销售额)，则B企业应该支付给A企业116元(含税销售额)（销售额100元及增值税100×16％＝16元），此时A实得100元，另外16元交给了税务局。

然后B企业经过加工后以200元（销售额）卖给C企业，此时C企业应付给B企业234元（含税销售额）（销售额200元及增值税200×16％＝32元）。

销项税额＝销售额×增值税率＝200×16％＝32元

应纳税额＝当期销项税额－当期进项税额

B企业应纳税额＝32－16（A企业已交）＝16元（B企业在将货物卖给C企业后应交给税务局的增值税税额）

3. 建设工程销售额与含税销售额

（1）建设工程销售额

销售额为纳税人销售货物或应税劳务向购买方收取的全部价款和价外费用，但是不包括收取的销项税额。

$$建设工程销售额 ＝ 分部分项工程费＋措施项目费＋其他项目费＋规费$$

或：销售额＝含税销售额÷（1＋增值税率）

（2）建设工程含税销售额

建筑工程含税销售额＝销售额×(1＋10％)(建筑业)

或：建筑工程除税价＝含税工程造价÷(1＋10％)

（3）工程材料（除税价）销售额

当工程材料(除税价)销售额包括材料含税价和运输含税价时，计算工程材料除税价的方法如下：

工程材料除税价＝材料含税价÷(1＋增值税率16％)＋运输含税价÷(1＋增值税率10％)。

增值税率折算率＝（工程材料含税价÷工程材料除税价）－1。

工程材料除税价＝工程材料含税价÷（增值税折算率＋1）

不含进项税调整系数＝不含税价格÷含税价格

某地区工程材料市场信息价及不含增值税价格计算见表3-27。

某地区工程材料市场信息价及不含增值税价格计算表　　　　表3-27

序号	材料名称	单位	含税价格（元）	增值税折算率（%）	不含税价格（元）	调整系数
1	M5水泥砂浆	m³	160.00	15.30	138.77	0.8673
2	标准砖	块	0.40	15.11	0.35	0.8750
3	水泥32.5	kg	0.30	15.11	0.26	0.8667
4	细砂	m³	45.00	15.19	39.07	0.8682
5	水	m³	2.00	15.96	1.72	0.8600
6	脚手架钢材	t	4500.00	15.93	3881.65	0.8626
7	锯材	m³	1200.00	15.88	1035.55	0.8630
8	连接件（门窗专用）	个	1.20	15.40	1.04	0.8666
9	铝合金推拉窗	m²	340.00	15.90	293.36	0.8628

（4）材料不含增值税价格计算举例

方法一，按比例计算：

已知工程材料价格中，含税材料价格占98.4%、含税运输价格占1.6%，计算下列工程材料不含税价格：

铝合金推拉窗工程材料含税价格中，含税材料价格为334.56元/m²（340×98.4%）、含税运输价格为5.44元/m²（340.00×1.6%），则铝合金推拉窗工程材料不含税价格为：

铝合金推拉窗不含税价格＝334.56÷（1＋17%）＋5.44÷（1＋10%）＝293.36元/m²

方法二，应用增值税折算率计算：

铝合金推拉窗不含税价格＝340÷（1＋15.9）＝293.36元/m²

方法三，应用表24-2调整系数计算：

铝合金推拉窗不含税价格＝340×0.8628＝293.36元/m²

4."营改增"后工程造价计算规定

建办标［2016］4号文及建办标［2018］20号文规定的工程造价计算方法：

工程造价＝税前工程造价×（1＋10%）

即：工程造价＝（分部分项工程费＋措施项目费＋其他项目费＋规费）×（1＋10%）

其中，10%为建筑业拟征增值税税率。税前工程造价为人工费、材料费、施工机具使用费、企业管理费、利润和规费之和；各费用项目均不包含进项税额。

例如，某工程项目不含进项税的分部分项工程费59087元、措施项目费399元、其他项目费218元、规费192元，税前工程造价为59896元，含税工程造价为59896×（1＋0.10）＝65885.60元。

5.变通的工程造价计算规定

目前，计价定额这个主要计价依据中人工费、材料费、机具费、企业管理费等费用均含进项税，因此要从这些费用中将进项税分离出来，才能符合建办标［2016］4 号文规定的要求。因此，为了适应增值税的计算规定，各地工程造价主管部门颁发了分离进项税的各项费用调整方法，来使用计价定额计算人工费、材料费、机械台班费、管理费、措施项目费等费用。

实行增值税计算后将原来税金中的城市建设维护费、教育费附加和地方教育附加规类到管理费中计算。

例如，某地区管理费、利润的（含城市建设维护费、教育费附加和地方教育附加）计算规定为：定额人工费×35％。

又如，某地区发布的"营改增"后执行计价定额计算不含增值税进项税的各项费用、费率调整按表 3-28～表 3-30 执行。

执行某地区计价定额以"元"为单位不含增值税的费用调整表　　表 3-28

调整项目	机械费	计价材料费	摊销材料费	调整方法
调整系数	92.8％	88％	87％	定额基价相应费用乘以对应系数

某地区不含增值税管理费、利润费用标准表　　表 3-29

序号	项目名称	工程类型	取费基础	费率（％）
1	管理费（含城市维护建设税、教育费附加、地方教育附加）	建筑工程	分部分项工程定额人工费	18
2	利润			15

某地区以"费率（％）"表现的不含增值税的费用标准表（工程在市区）　　表 3-30

序号	项目名称	工程类型	取费基础	费率（％）
1	环境保护费			0.2
2	文明施工费			12.0
3	安全施工费			16.0
4	临时设施费	建筑工程		3.5
5	夜间施工		分部分项清单项目定额人工费＋单价措施项目定额人工费	2.0
6	二次搬运			1.0
7	冬雨季施工			0.5
8	社会保险费	—		13.0
9	住房公积金	—		3.0

3.6.3　营改增后施工图预算工程造价计算实例

1. 编制依据

某地区计价定额（摘录）见表 3-31。

某地区计价定额摘录　　　　　　　　　　　　　　　　　表 3-31

定额编号			AD0001	AS0018
项目	单位	单价	M5 水泥砂浆砌砖基础	里脚手架
			10m³	100m²
基价	元		3518.52	490.05
其中　人工费	元		1031.40	354.53
材料费	元		2479.09	103.36
机械费	元		8.03	32.16
材料　M5 水泥砂浆	m³	160.00	2.38	
标准砖	块	0.40	5240.00	
水	m³	2.00	1.144	
脚手架钢材	kg	4.50		1.28
锯材	m³	1200.00		0.008
摊销材料费	元			88.00

2. 扣除进项税调整定额基价

根据表 3-27、表 3-28、表 3-30 扣除进项税的调整系数和表 3-31，调整定额计价后见表 3-32。

扣除进项税后调整的某地区计价定额表　　　　　　　　　表 3-32

工程内容：略

定额编号			AD0001	AS0018
项目	单位	单价	M5 水泥砂浆砌砖基础	里脚手架
			10m³	100m²
基价	元		3205.09	474.18
其中　人工费	元		1031.40（不变）	354.53（不变）
材料费	元		2166.24	89.81
机械费	元		8.03×0.928＝7.45	32.16×0.928＝29.84
材料　M5 水泥砂浆	m³	160.00	2.38×160×0.8673＝2.38×138.77＝330.27	
标准砖	块	0.40	5240×0.40×0.8750＝5240×0.35＝1834.00	
水	m³	2.00	1.144×2.00×0.8600＝1.144×1.72＝1.97	
脚手架钢材	kg	4.50		1.28×4.5×0.8626＝1.28×3.88＝4.97
锯材	m³	1200.00		0.008×1200×0.8630＝0.008×1035.60＝8.28
摊销材料费	元			88.00×0.87＝76.56

3. 计算定额直接费

某工程 M5 水泥砂浆砌砖基础的工程量为 24.00m³、里脚手架 55m²，然后根据表 3-32 定额数据计算该项目定额直接费见表 3-33。

定额直接费计算表   表 3-33

定额编号	项目名称	单位	数量	单价	其中			合价	其中		
					人工费	材料费	机械费		人工费	材料费	机械费
AD0001	M5 水泥砂浆砌砖基础	m³	24.00	320.51	103.14	216.62	0.75	7692.24	2475.36	5198.88	18.00
AS0018	里脚手架	m²	55.00	4.74	3.55	0.89	0.30	260.70	195.25	48.95	16.50
	小计							7952.94	2670.61	5247.83	34.5

4. 计算工程造价

根据表 3-28～表 3-30、表 3-33 计算的预算工程造价见表 3-34。

建筑工程预算造价费用计算表   表 3-34

工程名称：某工程   第 1 页　共 1 页

序号	费用名称			计算式（基数）	费率（%）	金额（元）	合计（元）
1	分部分项工程费	人工费		Σ（工程量×定额基价）7692.24 元	见表 3-33	7692.24	8509.11
		材料费					
		机械费					
		管理费利润		Σ（分部分项工程定额人工费）×费率=2475.36×(18%+15%)=2475.36×33%=816.87 元	见表 3-28	816.87	
2	措施项目费	单价措施费		Σ（工程量×定额基价）=260.70 元	见表 3-33	260.70	1166.37
				管理费、利润=195.25×33%=64.43 元	见表 3-33	64.43	
		总价措施费	安全文明施工费	分部分项工程、单价措施项目定额人工：2670.61 元各项费率见表 3-28	28.0	747.77	
			夜间施工增加费		2.0	53.41	
			二次搬运费		1.0	26.71	
			冬雨季施工增加费		0.5	13.35	
3	其他项目费	总承包服务费		招标人分包工程造价（本工程无此项）			（本工程无此项）

序号	费用名称		计算式（基数）	费率（%）	金额（元）	合计（元）
4	规费	社会保险费	分部分项工程定额人工费＋单价措施项目定额人工费＝2670.61元	13.0	347.18	427.30
		住房公积金		3.0	80.12	
		工程排污费	按工程所在地规定计算（本工程无此项）			
5	人工价差调整		定额人工费×调整系数			本工程无
6	材料价差调整		见材料价差计算表			本工程无
7	增值税税金		（序1＋序2＋序3＋序4＋序5＋序6）＝8509.11＋1166.37＋427.30＝10102.78元	10.00	1010.28	1010.28
8	预算造价		（序1＋序2＋序3＋序4＋序5＋序6＋序7）			11113.06

4 工程定额编制原理

4.1 概　　述

4.1.1 工程定额的概念

工程定额是指由省级以上建设行政主管部门或国家行业主管部门发布的，完成一定计量单位合格建筑产品所消耗资源的数量标准。包括工程消耗量定额和工程计价定额。

工程消耗量定额主要规定单位分项工程或结构构件所需消耗的人工、材料（设备）、机械台班等消耗量；工程计价定额主要规定单位分项工程或结构构件所需消耗的人工费、材料（设备）费、机械台班使用费的数量标准。

工程定额经历了起步、发展、变革等几个阶段。20 世纪 50 年代至 70 年代概算指标、概算定额、预算定额等统称为概预算定额。那个时候的设计预算包含了初步设计概算和施工图预算。到了 20 世纪 80 年代末期和 90 年代初期，开始将"预算定额"称为"计价定额"。

例如，建标 [1995] 606 号《建设部关于加强工程建设强制性国家标准和全国统一的工程计价定额出版、发行管理的通知》文件标题中就出现了"工程计价定额"的名词。

2013 年 3 月住房和城乡建设部颁发的建标 [2013] 44 号《建筑安装工程费用项目组成》中也有"工程计价定额"的提法。

《建设工程工程量清单计价规范》GB 50500—2013 规定，"计价定额"是编制"招标控制价"和"投标报价"的依据。

4.1.2 工程定额的分类

1. 生产要素分类

按照标准定额反映的生产要素消耗内容不同，可分为劳动消耗定额、机械消耗定额和材料消耗定额。

2. 按照用途分类

按照用途不同，可分为施工定额、预算定额、概算定额、概算指标、投资估算指标。

3. 按照适用范围分类

按照适用范围不同，可分为全国通用定额、行业通用定额和专业专用定额三种。

4. 按照主编单位和管理权限分类

按照按主编单位和管理权限不同，可分为全国统一定额、行业统一定额、地区统一定额。

4.1.3 工程定额的作用

定额是企业和基本建设实行科学管理的必备条件，没有定额根本谈不上科学管理。

1. 定额是企业计划管理的基础

施工企业为了组织和管理施工生产活动，必须编制各种计划，而计划中的人力、物力和资金需用量都要根据定额来计算。因此，定额是企业计划管理的重要基础。

2. 定额是提高劳动生产率的重要手段

施工企业要提高劳动生产率，除了合理的组织外，还要贯彻执行各种定额，把企业提高劳动生产率的任务，具体落实到每位职工身上，促使他们采用新技术、新工艺、改进操作方法，改进劳动组织，减小劳动强度，使用较少的劳动量，生产较多的产品，进而提高劳动生产率。

3. 定额是衡量设计方案优劣的标准

使用定额或概算指标对一个拟建工程的若干设计方案进行技术经济分析，就能选择经济合理的最优设计方案。因此，定额是衡量设计方案经济合理性的标准。

4. 定额是实行责任承包制的重要依据

以招标投标承包制为核心的经济责任制是建筑市场发展的基本内容。

在签订投资包干协议、计算标底和标价、签订承包合同以及企业内部实行各种形式的承包责任制，都必须以各种定额为主要依据。

5. 定额是科学组织施工和管理施工生产的有效工具

建筑安装工程施工是由多个工种、部门组成的一个有机整体而进行施工生产活动的。在安排各部门各工种的生产计划中，无论是计算资源需用量或者平衡资源需用量，组织供应材料，合理配备劳动组织，调配劳动力，签发工程任务单和限额领料单，还是组织劳动竞赛，考核工料消耗，计算和分配劳动报酬等，都要以各种定额为依据。因此，定额是组织和管理施工生产的有效工具。

6. 定额是企业实行经济核算的重要基础

企业为了分析和比较施工生产中的各种消耗，必须以各种定额为依据。企业进行工程成本核算时，要以定额为标准，分析比较各项成本，肯定成绩，找出差距，提出改进措施，不断降低各种消耗，提高企业的经济效益。

4.1.4 工程定额的特性

1. 科学性

建筑工程定额是采用技术测定法等科学方法，在认真研究施工生产过程中的客观规律的基础上，通过长期的观察、测定、总结生产实践经验以及广泛搜集资料的基础上编制的。

在编制过程中，必须对工作时间分析、动作研究、现场布置、工具设备改革以及生产技术与组织管理等各方面，进行科学地综合研究。因而，制定的定额客观地反映了施工生产企业的生产力水平，所以定额具有科学性。

2. 权威性

在计划经济体制下，定额具有法令性，即建筑安装工程定额工程造价行政主管部门颁发后，具有经济法规的性质，执行定额的所有各方必须严格遵守，未经许可，不得随意改变定额的内容和水平。

但是，在市场经济条件下，定额的执行过程中允许企业根据招投标等具体情况进行调整，使其体现市场经济的特点，故定额的法令性淡化了，建筑安装工程定额既能起到国家宏观调控市场，又能起到让建筑市场充分发展的作用，就必须要有一个社会公认的，在使用过程中可以有根据地改变其水平的定额。这种具有权威性控制量的定额，各业主和工程承包商可以根据本企业生产力水平状况进行适当调整。

定额的权威性是建立在其先进性基础之上的。即定额需要能正确反映本行业的生产力水平，符合社会主义市场经济的发展规律。

3. 群众性

定额的群众性是指定额的制定和执行都必须有广泛的群众基础。因为定额水平的高低主要取决于建筑安装工人所创造的劳动生产力水平的高低；其次，工人直接参加定额的测定工作，有利于制定出容易掌握和推广的定额；最后，定额的执行要依靠广大职工的生产实践活动方能完成。

4.1.5 苏联预算定额简介

我国的工程定额是通过学习苏联基本建设预算制度的基础上，结合我国的国情建立起来的。

1. 苏联预算定额的使用情况

20世纪50年代初我国引进了苏联的预算定额。那个时候我们国家全面向这个社会主义老大哥学习社会主义计划经济制度，包括学习基本建设制度。我国从20世纪50年代一直沿用到20世纪80年代的"基本建设"术语，就是从苏联传入的。

2. 苏联《矿山掘进工程预算定额》摘录

1952年苏联矿山掘进工程预算定额摘录见表4-1。

苏联矿山掘进工程预算定额摘录　　　　　　　　　　　　表4-1

第31节　混凝土墙基础

A. 在水平巷道

$100m^3$ 混凝土定额

序号	消费项目名称	单位	基础的宽度小于（m）			
			0.3		0.5	
			岩石分类			
			VIII-VII	VI	VIII-VII	VI
1	劳动力	工日	200	205	165	170
	人工等级	—	5.8	5.8	5.6	5.6
2	重型风钻	台班	57	—	32.9	—
3	中型风钻	台班	—	60	—	34.7
4	风镐	台班				
5	其他机械	%	3	7	4	7
6	混凝土	m^3	104	104	104	104
7	炸药	kg	105	95	150	95
8	电雷管	个	1045	1000	600	579
9	爆破电线	m	2612	2500	1500	1448
10	合金钢	kg	0.94	—	0.94	—
11	支柱	m^3				
12	衬帮背板	m^3				
13	其他材料	%	1	3	1	3

从"混凝土墙基础定额"中我们可以看到，分项工程名称为"现浇宽度＜0.3m 混凝土墙基础（Ⅵ岩石）"；定额单位为"100m³"；没有定额编号；从"消费项目名称"中的机械名称和使用材料分析，该分项工程工作内容为用风钻打眼后装炸药爆破岩石后通过修正地槽再浇筑混凝土基础；采用了 5.8 级的工人平均人工等级；只有混凝土半成品，没有原材料；其他材料用百分率（%）表示，即材料费的 3%；定额中只有人工、材料、机械台班消耗量，没有单价和合价，是典型的"消耗量定额"表现形式。

需要进一步说明，早期的"预算定额"只有人工和实物消耗量，没有货币量。

3. 苏联定额编制原理著作

20 世纪 50 年代，我们主要学习了巴辛斯基著的《建筑工程技术定额原理》和彼得罗夫著的《技术定额及预算》。他们关于编制定额与预算的思路与方法影响着我们整整一代建设定额的编制者和从事《建筑工程定额与预算》的教育工作者。

学习了苏联的基本建设预算制度以后，我国的定额与预算的工作者结合国情，运用这些理论与方法编制了我国的建筑工程预算定额。正是用这些方法编写的教科书培养了一代又一代的概预算专业人员。

4.2 我国预算定额起源

4.2.1 我国第一部预算定额（草案）

1955 年中华人民共和国国家建设委员会颁发了《1955 年度建筑工程设计预算定额(草案)》。摘录的"砖基础及墙"项目的定额如下(表 4-2)。

《1955 年度建筑工程设计预算定额》 表 4-2

24 砖基础及墙

工程内容：1. 塔基：防潮层以下，垫基以上之砌砖，包括本工作全部操作过程。

2. 塔身：防潮层以上（包括门窗口立缝、窗台虎头砖、墙腰线、抗挑檐墙身部分及墙屋顶等）之内外塔身全部操作过程。

每 10 立方公尺实砌体

图序号	项目	单位	墙基		墙身					
					二层以下建筑物					
					一砖半以下			一砖半及一砖半以上		
			二层以下建筑物	三层以上建筑物	平墙	带艺术形式		平墙	带艺术形式	
						普通及中等	复杂		普通及中等	复杂
			1	2	3	4	5	6	7	8
1	砌砖工	工日	2.68	2.68	4.48	4.77	5.15	3.75	4.00	4.32
2	普通工	工日	4.11	4.05	6.67	7.10	7.67	6.68	7.11	7.68
	合计	工日	6.79	6.73	11.15	11.87	12.82	10.43	11.11	12.00
	折合一级工	工日	9.40	9.31	16.66	17.74	19.16	14.90	15.85	17.15

续表

图序号	项目	单位	墙基		墙身					
					二层以下建筑物					
					一砖半以下			一砖半及一砖半以上		
			二者以下建筑物	三者以上建筑物	平墙	带艺术形式		平墙	带艺术形式	
						普通及中等	复杂		普通及中等	复杂
			1	2	3	4	5	6	7	8
3	红（青）砖	块	5342	5342	5431	5458	5485	5355	5382	5409
4	50 号砂浆	立方公尺	—	(2.51)						
5	25 号砂浆	立方公尺	(2.51)							
6	1:2.5 石灰砖浆	立方公尺			(2.41)	(2.41)	(2.41)	(2.50)	(2.50)	(2.50)
7	200 号水泥	公斤	472	891						
8	砂	立方公尺	2.66	2.66	2.39	2.39	2.39	2.48	2.48	2.48
9	生石灰 石灰膏	公斤 立方公尺	167 (0.279)		561 (0.935)	561 (0.935)	561 (0.935)	582 (0.970)	582 (0.970)	582 (0.970)
10	水	立方公尺	3.8	3.0	4.0	4.0	4.0	4.0	4.0	4.0
	重量	吨	18.92	18.19	18.23	18.37	18.51	18.18	18.32	18.46
	基础	千元	2,902.64	3,090.82	2,825.09	2,848.45	2,875.59	2,786.74	2,808.66	2,834.46
	地区价格	千元								

表 4-2 中可以看到，子目 2 是"墙基分项工程的三层以上建筑物 50 号水泥砂浆砌砖基础"。定额单位是 10 立方米。

该子目用工中，技工和普工是分开的，"砌砖工"就是技工，"普通工"就是普工。定额中的人工有个特点，就是全部用工要折合为一级工。表中子目 2 的砌砖工和普通工合计为 6.79，折合一级工为 9.40 工日。

子目 2 的 2.51m³ 的 50 号砂浆是由 891 公斤 200 号水泥和 2.66 立方米砂加合适的水配合而成的。该项目没有使用施工机械，可见全部工作是人力完成的。

该定额的特点是既表现了人工、材料消耗量，又反映了定额基价。缺点是没有单价，看不出基价是怎么算出来的。优点是在表格的最后一行还可以填入地区价格，方便各地区使用该定额。

4.2.2 我国第一部概算指标（草案）

1955 年国家建设委员会关于颁发""《1955 年度建筑工程概算指标（草案）》"时的通知摘录如下：

"为了逐步健全国家基本建设的设计预算制度，急需有全国统一的建筑工程设计预算定额与概算指标，作为编审建筑工程设计预算和概算的依据。为此本委曾颁发'一九五五年度建筑工程设计预算定额（草案）'，现又颁发'一九五五年度建筑工程概算指标（草案）'，要求国务院各部、各省（市）及其所属各单位编制工业与民用的新建工程概预算时即试用。"

我国颁发的《1955 年度建筑工程设计预算定额（草案）》和《1955 年度建筑工程概算

指标（草案）》的意义重大，不但填补了概预算定额的空白，满足了国家基本建设概预算管理的需要，而且还为今后通过实践修订概预算定额打下了良好的基础。

4.2.3　我国第一部正式预算定额

1956 年国家建设委员会颁发了第一部正式的建筑工程预算定额。为什么要颁发这一定额？定额修订的主要内容有哪些？这可以从颁发时国家建设委员会的通知中看到。

通知说："1955 年度建筑工程设计预算定额（草案）自颁发试行以来，对建立与健全建设预算制度起了很大的作用，但其中亦存在着许多缺点，主要的是：定额项目不全。定额的规定有的不够明确，项目划分有的太细等。为了弥补这些缺点给细化预算的编制工作创造条件，本委会同各有关单位根据 1956 年度建筑安装工程统一施工定额、建筑安装工程施工及验收暂行技术规范、现行的标准设计及其他经济的设计资料等，对 1955 年度建筑工程设计预算定额（草案）进行了全面的修订与补充，编制成'建筑工程预算定额'"。

4.3　我国各个时期典型的工程定额

4.3.1　20 世纪 70 年代的建筑工程预算定额

《××省建筑工程预算定额（1972 年）》是计价定额（也可以计算人工、材料、机械台班消耗量），砖基础、砖墙定额项目摘录见表 4-3。

《××省建筑工程预算定额（1972 年）》摘录　　　　　　　　　　　　　表 4-3

1. 砖基础、砖墙及砖柱

工作内容：砌砖，外墙单面原浆勾缝。　　　　　　　　　　　　　　　　每 10 立米

项　目	单位	单价	砖基础	外　墙			内　墙		
				1/2砖及3/4砖	1砖	1砖以上	1/2砖及3/4砖	1砖	1砖以上
			103	104	105	106	107	108	109
预算价格	元		296.93	323.16	316.75	313.16	312.98	308.81	307.82
其中　人工费	元		23.49	39.33	33.41	31.55	32.97	28.46	27.85
材料费	元		271.02	264.88	264.39	262.66	261.25	261.59	261.12
机械费	元		2.42	18.95	18.95	18.95	18.76	18.76	18.85
人工　合计	工日	1.91	12.30	20.59	17.49	16.52	17.26	14.90	14.58
砖工	工日		3.52	9.21	6.30	5.39	6.15	4.00	3.70
辅助工	工日		6.05	8.08	7.98	7.93	7.84	7.84	7.84
其他用工	工日		2.73	3.30	3.21	3.20	3.27	3.06	3.04
材料　水泥石灰砂浆#25	立米	24.14	—	2.47	2.45	2.49	2.32	2.31	2.41
水泥石灰砂浆#50	立米	28.48	2.62	—	—	—	—	—	—
红（青）砖	千块	38.47	5.10	5.33	5.33	5.26	5.33	5.33	5.26
三等中枋	立米	168.79	—	—	—	—	—	0.003	0.002
铁钉	公斤	1.20	—	—	—	—	—	0.06	0.04
水	立米	0.20	1.0	1.0	1.0	1.0	1.0	1.0	1.0
机械　电动卷扬机15马力	台班	23.08	—	0.72	0.72	0.72	0.72	0.72	0.72
灰浆搅拌机200公升	台班	9.31	0.26	0.25	0.25	0.25	0.23	0.23	0.26

注：地下室墙，砖水池按内墙计算；框架墙按外墙计算。

表 4-3 中的定额内容，既反映了人工、材料、机械台班消耗量，又反映了人工、材料

和机械台班单价及"预算价格"，是工程定额中典型的"单位估价表"表现形式。

单位估价表是根据预算定额的消耗量编制的，进一步填入各种单价后就计算出了"预算价格"（也称基价），其特点是既反映消耗量又反映货币量。

表中对技工和辅工进行了综合，采用同一个工日单价。显然，这里的工日单价是加权平均工资等级的工日单价。下面我们来了解一下加权平均工资等级的计算方法。

4.3.2　20 世纪 70 年代预算定额的加权平均工资等级计算方法

1. 工资等级

工资等级是指按国家或企业有关规定，按照劳动者的技术水平、熟练程度和工作责任大小等因素所划分的工资级别。

2. 工资等级系数

工作等级系数也称工资级差系数，是指某一等级的工资标准与一级工工资标准的比值。例如，原国家有关部门规定的建筑工人工资等级为一～七级，第七级与第一级工资之间的比值为 2.800，他们各级的上一级与下一级之间的工资比值均为 1.187，见表 4-4。

1956 年原建工部就制定了"建筑工人工资标准"，随后又进行了多次修订。1981 年国家建筑工程总局编制了"各类人员工资标准表"。

从表中摘录的"建筑工人工资标准表"的六类地区建筑工人工资标准见表 4-4。

六类地区的建筑工人工资标准　　　　　　　　　表 4-4

工资等级（n）	一	二	三	四	五	六	七
工资等级系数（K_n）	1.000	1.187	1.409	1.672	1.985	2.358	2.800
级差（%）	—	18.7	18.7	18.7	18.7	18.7	18.7
月工资标准（F_n）	33.66	39.95	47.43	56.28	66.82	79.37	94.25

表 4-4 中的月工资标准是一个等比数列，其公比为 1.187。因此，计算工资等级系数可以用下列公式。该公式的特点是可以计算含有小数等级的工作等级系数，进而可以计算小数等级的工作标准。

$$K_n = (1.187)^{n-1}$$

式中　n——工资等级；

　　K_n——n 级工资等级系数；

1.187——等比级差的公比。

表 4-4 中的日工资标准是 1.91 元，20 世纪 70 年代每月是按 25.5 天计算的，所以月工资标准为：

1.91×25.5＝48.71 元/月。

下面我们来计算该基本工资的加权平均工资等级和工作等级系数。

3. 加权平均工资等级与工资标准

加权平均工资等级是根据劳动定额规定的工人小组成员的等级计算的。

定额中的工日单价计算的基本思路是：先确定工人小组的加权平均工资等级，再计算加权平均工资等级系数，然后再计算加权平均日工资标准。

【例 4-1】某砌砖工人小组有 13 人组成，其中二级工 4 人、三级工 4 人、四级工 2 人、五级工1人、六级工1人、七级工1人。已知 $K_1=33.66$ 元/月，求该工人小组加权平均等级工资。

【解】第一步，计算加权平均工资等级

砖工小组加权平均工资等级＝(2×5＋3×4＋4×2＋5×1＋6×1)÷13 人

$$=41÷13$$
$$=3.154$$

第二步，计算加权平均工资等级系数

$$K_{3.154}=(1.187)^{3.154-1}$$
$$=1.447$$

第三步，计算加权平均月工资标准

$$F_{3.154}=一级工月工资标准×加权平均工资等级系数$$
$$=33.66×1.447$$
$$=48.71 元/月$$

第四步，计算加权平均日工资标准

$$48.71÷25.5=1.91 元/日$$

表 4-4 中的工日单价 1.91 元就是采用该加权平均工资标准。

4.3.3 全国统一建筑工程基础定额

全国统一建筑工程基础定额是各省市自治区编制地区定额的主要依据，长期以来充分发挥了编制地区定额的指导作用，规范了工程计价定额编制的管理方法。

《全国统一建筑工程基础定额（1995 年）》摘录见表 4-5。

《全国统一建筑工程基础定额》摘录　　　　　　　　　表 4-5

一、砌砖

1. 砖基础、砖墙

工作内容：砖基础：调运砂浆、铺砂浆、运砖、清理基槽坑、砌砖等。砖墙：调、运、铺砂浆，运砖；砌砖包括窗台虎头砖、腰线、门窗套；安放木砖、铁件等。

计量单位：10m³

定额编号			4-1	4-2	4-3	4-4
项　目		单位	砖基础	单面清水砖墙		
				1/2 砖	3/4 砖	1 砖
人工	综合工日	工日	12.18	21.97	21.63	18.87
材料	水泥砂浆 M5	m³	2.36	—	—	—
	水泥砂浆 M10	m³	—	1.95	2.13	—
	水泥混合砂浆 M2.5	m³	—	—	—	2.25
	普通黏土砖	千块	5.236	5.641	5.510	5.314
	水	m³	1.05	1.13	1.10	1.06
机械	灰浆搅拌机 200L	台班	0.39	0.33	0.35	0.38

全国统一建筑工程基础定额是典型的工程消耗量定额，因为它只反映了人工、材料、

施工机械台班的消耗量，没有反映单价和定额基价。

4.3.4　全国统一定额是各省及行业预算定额的基础

1. 2003 年某省颁发的建筑工程预算定额摘录

《××省建筑工程预算定额（2003 年）》摘录见表 4-6。

《××省建筑工程预算定额》摘录　　　　　　　　　　　表 4-6

一、砌砖

1. 砖基础、砖墙

工作内容：砖基础：调运砂浆、铺砂浆、运砖、清理基槽坑、砌砖等；砌墙；调运砂浆、铺砂浆、运砖、砌砖包括窗台虎头砖、腰线、门窗套、安放木砖、铁件等。

计量单位：10m³

定额编号			01030001	01030002	01030003	01030004	01030005	01030006
项　目			砖基础	单面清水墙				
				1/2 砖	3/4 砖	1 砖	1 砖半	2 砖及以上
基价（元）			1498.50	1732.80	1760.37	1693.84	1683.50	1667.82
其中	人工费（元）		301.46	543.76	535.34	467.03	441.29	424.22
	材料费（元）		1176.10	1171.32	1206.24	1206.41	1220.73	1221.59
	机械费（元）		20.94	17.72	18.79	20.40	21.48	22.01
名　称	单位	单价（元）	数　量					
人工	综合人工	工日	24.75	12.180	21.970	21.630	18.870	17.830	17.140
材料	水泥砂浆 M5.0 细砂 P.S32.5	m²	134.78	2.490	2.096	—	—	—	—
	普通黏土砖	千块	160.00	5.240	5.541	5.410	5.300	5.250	5.209
	水	m³	2.00	1.050	1.130	1.100	1.060	1.070	1.060
	混合砂浆 M5.0 细砂 P.S32.5	m²	148.70	—	—	2.276	2.396	2.546	2.596
机械	灰浆搅拌机 200L	台班	53.69	0.390	0.330	0.356	0.380	0.400	0.410

2. 2006 年某行业颁发的预算定额摘录

《××建设工程预算定额（2006 年）》摘录见表 4-7。

《××建设工程预算定额》摘录　　　　　　　　　　　表 4-7

3.1　砌砖、块

工作内容：调运砂浆，运砖，浇砖，清理基础，砌砖，砌窗台虎头砖、腰线、门窗套；安放木砖，预埋墙内钢筋、铁件；清理墙面，原浆勾缝。

单位：m³

定额编号		YT3-1	YT3-2	YT3-3	YT3-4	YT3-5	YT3-6
项　目		机制砖					
		基础	墙	空花墙	围墙	地沟	零星砌砖
基价（元）		144.38	166.02	123.90	173.85	146.86	174.59
其中	人工费（元）	31.72	51.22	43.68	52.78	32.24	59.80
	材料费（元）	110.25	112.45	78.98	118.60	112.27	112.63
	机械费（元）	2.41	2.35	1.24	2.47	2.35	2.16
名　称	单位	数　量					
人工	综合工日	工日	1.22	1.97	1.68	2.03	1.24	2.30
材料	水泥砂浆 M5	m³	0.236	0.230	0.118	0.241	0.228	0.211
	机制砖 240mm×115mm×53mm	千块	0.524	0.540	0.402	0.570	0.540	0.551
机械	灰浆搅拌机 200L	台班	0.039	0.038	0.020	0.040	0.038	0.035

3. 地区和行业颁发的预算定额与"基础定额"对比分析

某省建筑工程预算定额、电力建设工程预算定额与"基础定额"对比分析见表 4-8。

《××省建筑工程预算定额》《××建设工程预算定额》
与"基础定额"对比分析表 表 4-8

定额名称	项目名称	人工、材料、机械台班消耗量对比分析（每 10m³ 砌体）					
		人工（工日）		标准砖（千块）		灰浆搅拌机（台班）	
		用量	与基础定额比较	用量	与基础定额比较	用量	与基础定额比较
《××省建筑工程预算定额》	M5 水泥砂浆砌砖基础	12.18	一致	0.524	一致	0.39	一致
《××建设工程预算定额》	M5 水泥砂浆砌砖基础	12.20	增加 0.16%	0.524	一致	0.39	一致
《全国统一建筑工程基础定额》	M5 水泥砂浆砌砖基础	12.18	一致	0.524	一致	0.39	一致

通过对表 4-8 分析，我们可以看出《××省建筑工程预算定额》和《××建设工程预算定额》的水泥砂浆砌砖基础项目，人工、标准砖、灰浆搅拌机的消耗量同《全国统一建筑工程基础定额》的砖基础项目消耗量基本一致。看上去好像《××建设工程预算定额》的人工增加了 0.16%，其实也是定额单位采用 m³ 后小数点四舍五入造成的（12.18 工日/10m³ 转换为 1.218 工日/m³ 后变成 1.22 工日/m³）。

通过上表分析，我们知道了《全国统一建筑工程基础定额》是全国各地区编制预算定额的母本，在预算定额的项目名称、定额步距、定额单位等方面，起到了指导编制地区定额基础性的作用。

4. 地区、行业预算定额、基础定额表格形式分析

我们分析预算定额表格形式，实质上是分析预算定额表达内容的不同形式。

《××省建筑工程预算定额》《××建设工程预算定额》《全国统一建筑工程基础定额》GJD 101—95 表格形式分析见表 4-9。

××预算定额、××建设工程预算定额、全国基础定额表格形式分析表 表 4-9

定额名称	预算定额中的内容							
	基价	单价	工日	材料消耗量	台班消耗量	人工费	材料费	机械费
《××省建筑工程预算定额》	√	√	√	√	√	√	√	√
《××建设工程预算定额》	√		√	√	√	√	√	√
《全国统一建筑工程基础定额》			√	√	√			

从表 4-9 可以看到《××省建筑工程预算定额》表格表现的内容最为完整，可以满足编制施工图预算和工程量清单报价的需求。在编制施工图预算时可以直接用基价计算定额直接费，可以根据定额中的材料单价进行材料价差调整，可以根据定额中的人工、材料、机械台班消耗量对一个完整单位工程项目进行工、料、机消耗量分析。

该定额也可以满足编制清单报价的需求。在编制工程量清单报价的综合单价时可以直接套用定额中的人工、材料、机械台班消耗量，然后按规定乘以对应工、料、机单价及计算出管理费和利润，就完成了综合单价的计算。

《××建设工程预算定额》与《××省建筑工程预算定额》相比较，表格中虽然少了工、料、机单价，但是可以通过计算得出。例如，该定额的"机制砖基础"的人工费为31.72元/m³，可以通过用"人工费"除以"综合用工"算出人工单价，即31.72÷1.22＝26元/工日。但是这种方式，调整材料价差不方便。《××建设工程预算定额》可以同时满足编制施工图预算和工程量清单报价的需求。

《全国统一建筑工程基础定额》GJD 101—95 是工程消耗量定额，这种形式的定额只有人工、材料、机械台班消耗量。在使用这种定额时，编制施工图预算时较适宜采用"实物金额法"计算直接费。即根据单位工程工程量和预算定额计算汇总成一个单位工程的人工、材料、机械台班的消耗量，然后方便乘以规定的单价，就可以计算出单位工程直接费了。同上，"工程消耗量定额"也可以编制出单位工程的工程量清单报价。

4.3.5 工程计价定额的各种变化形式

1. 无人工工日、机械台班消耗量形式

20 世纪 90 年代某地区工程计价定额只有基价、人工费、材料费、机械费、材料用量和单价。没有人工工日、机械台班消耗量。该种形式计价定额主要考虑了满足编制可以调整材料价差的施工图预算的编制。没有考虑在工程项目实施阶段控制工程造价的需要。例如，没有人工工日消耗量，不能对已完工程项目实际人工工日节约或超出定额用工的情况比较，也不能积累企业定额的数据资料。

无人工工日、机械台班消耗量形式的计价定额摘录见表 4-10。

《××省建筑工程计价定额》摘录　　　　　　　　　表 4-10

C.1　砌砖及砌块

C.1.1　砖基础

工程内容：调、运、铺砂浆，运砖，清理基槽及基坑，砌砖。　　　　　　　　单位：10m³

定额编号			1C0001	1C0002	1C0003	1C0004	1C0005
项　　目	单位	单价	砖基础				
			混合砂浆（细砂）		水泥砂浆（中砂）		
			M5	M7.5	M5	M7.5	M10
基价	元		1169.34	1217.49	1179.54	1226.22	1264.07
其中 人工费	元		148.24	148.24	148.24	148.24	148.24
其中 材料费	元		1016.32	1064.47	1026.52	1073.20	1111.05
其中 机械费	元		4.78	4.78	4.78	4.78	4.78
材料 混合砂浆（细砂）M5	m³	120.00	2.36	—	—	—	—
材料 混合砂浆（细砂）M7.5	m³	140.40	—	2.36	—	—	—
材料 水泥砂浆（中砂）M5	m³	124.32	—	—	2.36	—	—
材料 水泥砂浆（中砂）M7.5	m³	144.10	—	—	—	2.36	—
材料 水泥砂浆（中砂）M10	m³	160.14	—	—	—	—	2.36
材料 红（青）砖	千匹	140.00	5.23	5.23	5.23	5.23	5.23
材料 石灰青	m³		(0.38)	(0.28)			
材料 水泥#325	kg		(566.40)	(755.20)	(637.20)	(804.76)	(936.92)
材料 细砂	m³		(2.64)	(2.64)	—	—	
材料 中砂	m³				(2.69)	(2.60)	(2.55)
材料 水	m³	0.40	2.31	2.31	2.31	2.31	2.31

2. 单位估价表形式

《全国统一建筑工程基础定额》是工程消耗量定额形式。单位估价表是指给消耗量定额的分部分项填上对应的单价，计算出人工费、材料费、机械费和基价的计价定额形式。

举例将《全国统一建筑工程基础定额》填上当时北京地区的人工、材料、机械台班单价，就可以变为北京地区的建筑工程"单位估价表"，见表 4-11。

北京地区建筑工程单位估价表（示例）

表 4-11

工作内容：略   计量单位：10m³

定额编号					4-1	4-2	4-3	4-4
项 目					砖基础	单面清水砖墙		
						1/2 砖	3/4 砖	1 砖
基价			单位	单价	1448.04	1698.47	1698.88	1523.88
其中	人工费		元		200.97	362.51	356.90	311.36
	材料费		元		1237.25	1328.01	1333.16	1202.95
	机械费		元		9.82	8.31	8.82	9.57
人工	综合工日		工日	16.50	12.18	21.97	21.63	18.87
材料	水泥砂浆 M5		m³	124.59	2.36	—	—	—
	水泥砂浆 M10		m³	159.80	—	1.95	2.13	—
	水泥混合砂浆 M2.5		m³	109.10	—	—	—	2.25
	普通黏土砖		千块	180.00	5.236	5.641	5.510	5.314
	水		m³	0.90	1.05	1.13	1.10	1.06
机械	灰浆搅拌机		台班	25.19	0.39	0.33	0.35	0.38

表 4-11 的计算步骤以"砖基础"项目为：

①将人工单价 16.50 元/工日、水泥砂浆 M5 单价 124.59 元/m³、普通黏土砖单价 180.00 元/千块、水单价 0.90 元/m³、灰浆搅拌机单价 25.19 元/台班填入表内；

②该项目的综合用工 12.18 工日乘以人工单价 16.50 元，得到 200.97 元后填入对应的人工费那一栏；

③将水泥砂浆 M5 的数量 2.36m³ 乘以单价 124.50 元/m³、5.236 千块乘以单价 1800.00 元/千块、1.05m³ 乘以单价 0.90 元/m³ 之和 1237.25 元填入对应的材料费那一栏；

④将灰浆搅拌机 0.39 台班乘以单价 25.19 元得到 9.82 元填入对应的机械费那一栏；

⑤将"人工费""材料费""机械费"汇总为 1448.04 元填入"砖基础"项目基价栏。

其他项目编制单位估价表的步骤同上。

3. 综合单价形式

某地区编制的《××省建设工程工程量清单计价定额》是计价定额"综合单价形式"的另一种形式。该形式只是在不完全的"单位估价表"中每个项目增加了综合费（管理费和利润）。为什么说是不完全的"单位估价表"呢？因为该表中没有人工和机械台班消耗量。

《××省建设工程工程量清单计价定额》摘录见表4-12。

《××省建设工程工程量清单计价定额》摘录 表 4-12

A. C. 1 砖基础（编码：010301）

A. C. 1. 1 砖基础（编码：010301001）

工程内容：清理基槽及基坑；调、运、铺砂浆；运砖、砌砖。 单位：10m³

定额编号				AC0001	AC0002	AC0003	AC0004	AC0005
项目		单位	单价（元）	砖基础				
				混合砂浆（细砂）		水泥砂浆（细砂）		
				M7.5	M10	M5	M7.5	M10
综合单（基）价		元		2017.79	2048.50	1987.57	2012.32	2032.31
其中	人工费	元		452.50	452.50	452.50	452.50	452.50
	材料费	元		1419.32	1450.03	1389.10	1413.85	1433.84
	机械费	元		7.86	7.86	7.86	7.86	7.86
	综合费	元		138.11	138.11	138.11	138.11	138.11
材料	混合砂浆（细砂）M7.5	m³	155.30	2.38	—	—	—	—
	混合砂浆（细砂）M10	m³	168.20	—	2.38	—	—	—
	水泥砂浆（细砂）M5	m³	142.60	—	—	2.38	—	—
	水泥砂浆（细砂）M7.5	m³	153.00	—	—	—	2.38	—
	水泥砂浆（细砂）M10	m³	161.40	—	—	—	—	2.38
	标准砖	千匹	200.00	5.24	5.24	5.24	5.24	5.24
	水泥32.5	kg		(528.36)	(628.32)	(537.88)	(599.76)	(649.74)
	石灰膏	m³		(0.26)	(0.19)			
	细砂	m³		(2.76)	(2.76)	(2.76)	(2.76)	(2.76)
	水	m³	1.50	1.14	1.14	1.14	1.14	1.14

4.4 工程定额的表现形式分析

通过上述工程消耗量定额、预算定额、单位估价表、计价定额、综合单价等介绍，我们将工程定额归纳为以下几种表现形式。

4.4.1 工程消耗量定额

在每个定额项目中只有人工、材料、机械台班消耗量数据的定额，称为消耗量定额。消耗量定额与其他定额的区别是，有完整的工、料、机消耗量，没有对应的工、料、机单价，也没有基价。其特点是只有消耗量没有货币量。例如1995年《全国统一建筑工程基础定额》就是典型的工程消耗量定额，见表4-13。

典型的工程消耗量定额　　　　　　　　　　表 4-13

一、砌　砖

1. 砖基础、砖墙

工作内容：砖基础：调运砂浆、铺砂浆、运砖、清理基槽坑、砌砖等。砖墙：调、运、铺砂浆，运砖；砌砖包括窗台虎头砖、腰线、门窗套；安放木砖、铁件等。

计量单位：10m³

定　额　编　号		4-1	4-2	4-3	4-4
项　　目	单位	砖基础	单面清水砖墙		
			1/2 砖	3/4 砖	1 砖
人工　　综合工日	工日	12.18	21.97	21.63	18.87
材料　水泥砂浆 M5	m³	2.36	—	—	—
水泥砂浆 M10	m³	—	1.95	2.13	—
水泥混合砂浆 M2.5	m³	—	—	—	2.25
普通黏土砖	千块	5.236	5.641	5.510	5.314
水	m³	1.05	1.13	1.10	1.06
机械　灰浆搅拌机 200L	台班	0.39	0.33	0.35	0.38

4.4.2　单位估价表

根据消耗量定额项目的全部数据，再填入对应的工、料、机单价，然后用单价分别乘以人工、材料、机械台班消耗量后汇总成该定额项目的人工费、材料费、机械费，最终合计为定额基价的计价定额，称为单位估价表，即一个单位的定额项目估价值（基价）。

单位估价表与消耗量定额的区别是，单位估价表不仅包含了消耗量定额的全部数据，而且还包含了各种单价和定额基价。其特点是既有消耗量又有货币量。例如 1999 年《全国统一市政工程预算定额》就是典型的单位估价表形式，见表 4-14。

典型的单位估价表形式　　　　　　　　　　表 4-14

8. 细粒式沥青混凝土路面

工作内容：清扫路基、整修侧缘石、测温、摊铺、接茬、找平、点补、撒垫料、清理。

计量单位：100m²

定　额　编　号			2-281	2-282	2-283	2-284	2-285	2-286
项　目			人工摊铺			机械摊铺		
			厚度（cm）					
			2	3	每增减 0.5	2	3	每增减 0.5
基　价（元）			119.62	160.18	40.12	122.06	163.16	37.28
其中	人　工　费（元）		59.77	79.09	19.10	37.08	48.76	8.09
	材　料　费（元）		6.24	9.28	2.81	6.24	9.28	2.81
	机　械　费（元）		53.61	71.81	18.21	78.74	105.12	26.38
名　称	单位	单位（元）	数　　量					
人工　综合人工	工日	22.47	2.66	3.52	0.85	1.65	2.17	0.36
材料　细(微)粒沥青混凝土	m³		(2.020)	(3.030)	(0.510)	(2.020)	(3.030)	(0.051)
煤	t	169.00	0.007	0.010	0.002	0.007	0.010	0.002
木柴	kg	0.21	1.100	1.600	0.300	1.100	1.600	0.300
柴油	t	2400.00	0.002	0.003	0.001	0.002	0.003	0.001
其他材料费	%		0.50	0.50	0.50	0.50	0.50	0.50
机械　光轮压路机 8t	台班	208.57	0.106	0.142	0.036	0.097	0.130	0.033
光轮压路机 15t	台班	297.14	0.106	0.142	0.036	0.097	0.130	0.033
沥青混凝土摊铺机 8t	台班	605.86				0.049	0.065	0.016

4.4.3 消耗量定额、单位估价表混合形式

所谓混合形式是指既有消耗量定额的不完整内容，又有单位估价表不完整的内容组合的定额。例如定额项目中有材料消耗量，但没有人工消耗量或机械台班消耗量；又如定额项目中有完整的工、料、机消耗量又有定额基价这样的货币量等，见表4-15。

消耗量定额、单位估价表混合形式 表 4-15

C.1 砌 砖 及 砌 块

C.1.1 砖 基 础

工程内容：调、运、铺砂浆，运砖，清理基槽及基坑，砌砖。 单位：10m³

定 额 编 号				1C0001	1C0002	1C0003	1C0004	1C0005
项　　目		单位	单价	砖 基 础				
				混合砂浆（细砂）		水泥砂浆（中砂）		
				M5	M7.5	M5	M7.5	M10
基　　价		元		1169.34	1217.49	1179.54	1226.22	1264.07
其中	人 工 费	元		148.24	148.24	148.24	148.24	148.24
	材 料 费	元		1016.32	1064.47	1026.52	1073.20	1111.05
	机 械 费	元		4.78	4.78	4.78	4.78	4.78
材料	混合砂浆（细砂）M5	m³	120.00	2.36	—	—	—	—
	混合砂浆（细砂）M7.5	m³	140.40	—	2.36	—	—	—
	水泥砂浆（中砂）M5	m³	124.32	—	—	2.36	—	—
	水泥砂浆（中砂）M7.5	m³	144.10	—	—	—	2.36	—
	水泥砂浆（中砂）M10	m³	160.14	—	—	—	—	2.36
	红（青）砖	千匹	140.00	5.23	5.23	5.23	5.23	5.23
	石灰膏	m³		(0.38)	(0.28)	—	—	—
	水泥♯325	kg		(566.40)	(755.20)	(637.20)	(804.76)	(936.92)
	细砂	m³		(2.64)	(2.64)	—	—	—
	中砂	m³		—	—	(2.69)	(2.60)	(2.55)
	水	m³	0.40	2.31	2.31	2.31	2.31	2.31

4.4.4 综合单价形式

综合单价类型主要是在单位估价表的基础上，对每个定额项目的基价中加进了企业管理费和利润（两项之和称为"综合费"）的费用，主要用于计算工程量清单报价所需的综合单价的定额，见表4-16。

综合单价形式　　　　　　　　表 4-16

A.C.1　砖基础（编码：010301）

A.C.1.1　砖基础（编码：010301001）

工程内容：清理基槽及基坑；调、运、铺砂浆；运砖、砌砖。　　　　　　　单位：10m³

定 额 编 号			AC0001	AC0002	AC0003	AC0004	AC0005
项　　目	单位	单价（元）	砖基础				
			混合砂浆（细砂）		水泥砂浆（细砂）		
			M7.5	M10	M5	M7.5	M10
综合单（基）价	元		1544.74	1567.73	1521.94	1540.50	1555.50
其中 人 工 费	元		302.90	302.90	302.90	302.90	302.90
材 料 费	元		1096.69	1119.68	1073.89	1092.45	1107.45
机 械 费	元		6.10	6.10	6.10	6.10	6.10
综 合 费	元		139.05	139.05	139.05	139.05	139.05
材料 混合砂浆（细砂）M7.5	m³	129.58	2.38	—	—	—	—
混合砂浆（细砂）M10	m³	139.24	—	2.38	—	—	—
水泥砂浆（细砂）M5	m³	120.00	—	—	2.38	—	—
水泥砂浆（细砂）M7.5	m³	127.80	—	—	—	2.38	—
水泥砂浆（细砂）M10	m³	134.10	—	—	—	—	2.38
红（青）砖	千匹	150.00	5.24	5.24	5.24	5.24	5.24
水泥 32.5	kg		(528.36)	(628.32)	(537.88)	(599.76)	(649.74)
石灰膏	m³		(0.26)	(0.19)	—	—	—
细砂	m³		(2.76)	(2.76)	(2.76)	(2.76)	(2.76)
水	m³	1.30	1.76	1.76	1.76	1.76	1.76

4.5　我国工程计价定额发展回顾

4.5.1　工程计价定额发展历程回顾

我国的建设工程预算定额是学习苏联的经验后建立和发展起来的。

苏联是世界上第一个社会主义国家，十月革命胜利以后建立了社会主义计划经济体制，以后，将编制设计预算列入了基本建设工作的重要内容，发布和不断更新了《工业和民用建筑预算编制条例》和《预算定额》，他们积累了基本建设定额与预算的先进经验。在我国刚刚开始社会主义建设时期，苏联的基本建设定额与预算的经验给了我们很大帮助，我们就是在认真学习了苏联的技术定额编制原理和预算定额的编制方法上，建立了我国的预算定额体系。

新中国成立以来，国家十分重视建筑工程定额的编制和管理工作。工程计价定额从无到有，从不健全到逐步健全，经历了分散→集中→分散→集中统一领导与分散管理相结合的发展历程。

1. 国民经济恢复时期（1949—1952 年）

这一时期是我国劳动定额工作创立阶段，主要是建立定额机构、开展劳动定额试点工作。1951 年制定了东北地区统一劳动定额，1952 年前后，华东、华北等地相继制定了劳动定额或工料消耗定额。

2. 第一个五年计划时期（1953—1957 年）

新中国成立后我们全面学习了苏联的经验，采用了他们的社会主义计划经济模式，引进苏联基本建设预算和预算定额经验和做法。

国家建设委员会颁发的《1955 年度建筑工程设计预算定额》（草案）就表示了我国有了自己的预算定额。

20 世纪 50 年代，一些地区根据 1956 年国家建设委员会颁发的《建筑工程预算定额》编制了地方预算定额。例如：1959 年河南省建设委员会颁发了《河南省建筑工程预算定额》。

3. 社会主义建设初期（1958—1966 年）

1958 年开始的第二个五年计划期间，由于经济领域中的"左"倾思潮影响，否定社会主义时期的商品生产和按劳分配，否定劳动定额和计件工资制，撤销一切定额机构。到 1960 年，建筑业实行计件工资的工人占生产工人的比重不到 5%。直至 1962 年，当时的建筑工程部又正式修订颁发全国建筑安装工程统一劳动定额时，才逐步恢复定额制度。

20 世纪 60 年代前期我国将预算定额制度推广到了国家其他各个专业部，例如 1961 年铁道部编制和颁发了《铁路工程预算定额》；煤炭工业部 1963 年颁发了《井巷建筑工程预算定额》和《矿山机电设备安装工程预算》。

4. 社会主义建设时期（1967—1976 年）

在此期间，以平均主义代替按劳分配，将劳动定额看成是"管、卡、压"，对科学管理和经济规律认识存在误区，定额制度遭到破坏，国民经济发展迟滞，建筑业全行业亏损。

1966 年，国家计委、国家建委、财政部以（66）基施字 276 号文发出《关于建工部直属施工队伍经常费用开支暂行办法的复文》，规定工程完工后由施工单位向建设单位实报实销，造成投资失控，造成了损失浪费极为严重的局面。

1972 年，有关主管部门在总结经验教训的基础上，提出从 1973 年 1 月 1 日停止执行经常费制度，重新恢复建设单位与施工单位之间按施工图预算结算的制度。

5. 改革开放初期（1977—1987 年）

1979 年后，我国国民经济又得到恢复和发展。1979 年国家重新颁发了《建筑安装工程统一劳动定额》。

1979 年修订的统一劳动定额规定："地方和企业可以针对统一劳动定额中的缺项，编制本地区、本企业的补充定额，并可在一定范围内结合地区的具体情况作适当调整。"

1977 年 6 月 20 日国家基本建设委员会印制了内部发行的《通用设备安装工程预算定额》共九册。

1977 年北京市革命委员会基本建设委员会颁发了《建筑安装工程预算定额》（含土建工程和安装工程）。

1978 年国家计委、国家建委、财政部（78）建发设字第 386 号、（78）财基字第 534 号关于试行《关于加强基本建设概、预、决算管理工作的几项规定》的通知中规定："①采用三阶段设计的，技术设计阶段，必须编制修正总概算。单位工程开工前，必须编制出施工图预算。建设项目或单项工程竣工后，必须及时编制竣工决算。②设计概算由设计单位负责编制。③施工图预算由施工单位负责编制。④竣工决算由建设单位负责编制。

⑤设计单位必须严格按照批准的初步设计和总概算进行施工图设计。要坚决纠正施工图设计不算经济账的倾向。"

1985年《国家计划委员会、中国人民建设银行关于印发〈关于改进工程建设概预算定额管理工作的若干规定〉的通知》（计标〔1985〕352号）中指出："对于实行招标承包制的工程，施工企业投标报价时，对各项定额可以适当浮动。"

1986年财政部（86）财税字第076号《关于对国营建筑安装企业承包工程的收入恢复征收营业税通知》。

1987年9月11日国务院发布《中华人民共和国价格管理条例》中指出："制定价格……应当有明确的质量标准或等级规格标准，实行按质定价"、"国家指导价是指……通过规定基准价和浮动幅度、差率、利润率、最高限价和最低保护价等，指导企业制定的商品价格和收费标准。"

6. 预算定额改革起步时期（1988—1995年）

1988年国家计委颁发的《印发〈关于控制建设工程造价的若干规定〉的通知》（计标〔1988〕30号）中明确"工程造价的确定必须考虑影响造价的动态因素"、"为充分发挥市场机制、竞争机制的作用，促使施工企业提高经营管理水平，对于实行招标承包制的工程，将原施工管理费和远地施工增加费、计划利润等费率改为竞争性费率。"

这个时候，已经开始注意到工程造价的管理模式应该遵循市场经济规律和建立竞争机制，已经开始启动计价定额管理改革。

7. 确定建立社会主义市场经济以来

1992年党的十四大提出"我国经济体制改革的目标是建立社会主义市场经济体制"后定额预算的体制也随即提出了改革要求。

1993年建设部、国家发改委、国务院经贸办《关于发布全民所有制建筑安装企业转换经营体制实施办法的通知》中指出："对工程项目的不同投资来源或工程类别，实行在计划利润基础上的差别利润率。"

1995年，建设部又颁发了《全国统一建筑工程基础定额》GJD 101—95之后，全国各地都先后重新修订了各类建筑工程预算定额，使定额管理更加规范化和制度化。

1999年1月建设部颁发《建设工程施工发承包价格管理暂行规定》（建标〔1999〕1号）第十六条指出："编制标底、投标报价和编制施工图预算时，采用的要素价格应当反应当时市场价格水平，若采用现行预算定额基价计算应充分考虑基价的基础单价与当时市场价格的价差。"

这时，工程造价开始了"统一量、指导价、竞争费"的改革。

8. 清单计价规范的有关规定

2003年建设部颁发的《建设工程工程量清单计价规范》GB 50500—2003第4.0.8条："投标报价应根据招标文件中的工程量清单和有关要求、施工现场实际情况及拟定的施工方案或施工组织设计。依据企业定额和市场结构信息。或参照建设行政主管部门颁发的社会平均消耗量定额进行编制"。

2008年住房和城乡建设部颁发的《建设工程工程量清单计价规范》GB 50500—2008第4.3.3条："投标报价应根据下列依据编制……企业定额，国家或省级、行业建设主管部门颁发的计价定额。"

2013 年住房和城乡建设部颁发的《建设工程工程量清单计价规范》GB 50500—2013 第 6.2.1 条：“投标报价应根据下列依据编制和复核……企业定额，国家或省级、行业建设主管部门颁发的计价定额。”

从以上 3 个不同时期的清单计价规范中我们看到的重要信息是：

(1) 2003 年的清单计价定额规定，投标报价依据企业定额或消耗量定额；

(2) 2008 年的清单计价定额规定，投标报价依据企业定额或计价定额；

(3) 2013 年的清单计价定额规定，投标报价依据企业定额或计价定额。

三次颁发的清单计价规范都提到“企业定额”是编制投标报价的依据，虽然实际上没有做到，但始终坚持“企业定额”是计价依据的提法，符合了工程造价适应市场经济规律发展的方向。

4.5.2　工程计价定额的主要作用

研究工程计价定额的目的是搞清楚它们的作用，以便设计出满足各种功能要求的新定额结构方案。

1. 工程计价定额是确定工程造价的主要依据

工程计价定额是确定概算造价、预算造价、招标控制价、投标报价、承包合同价、工程变更价、工程索赔价、工程结算价等的依据。

2. 计价定额是施工企业工程项目管理的基础

计价定额是施工企业编制材料供应计划、劳动力使用计划、机械台班使用计划、工程变更消耗量计算、工程索赔消耗量计算、编制工程成本控制计划、劳务结算等依据。

4.6　工程计价定额编制方法

4.6.1　工程计价定额适应和满足社会主义市场经济体制下经济规律的要求

建立社会主义市场经济体制要求我们必须遵循价值规律和竞争规律。即建筑产品的价值由生产这个产品的社会必要劳动时间确定；通过建筑市场的竞争形成建筑产品价格。

因此，计价定额确定工程造价的定额水平应该是社会平均水平；另外要充分利用市场竞争机制通过合理确定定额消耗量来确定建筑产品价格。

1. 满足确定工程造价的需求

计价定额中的基价是计算定额直接费的基础，计算基价的两个要素是消耗量和单价，单价是动态变化的，消耗量具有相对稳定性。因此，体现定额水平的“消耗量”是计价定额的核心内容。

2. 满足企业管理的需求

在企业没有编制企业定额的情况下，计价定额也是编制材料（设备）供应计划、劳动力使用计划、机械台班使用计划、工程变更消耗量计算、工程索赔消耗量计算、编制工程成本控制计划、劳务结算等依据。

3. 辅助建立企业定额的需求

在企业没有建立企业定额的情况下，计价定额要能起到有助于建立企业定额的作用。也就是企业在各次投标报价过程中和成本核算过程中根据企业完成计价定额的情况不断调整各种消耗量后建立自己的企业定额。计价定额可以在企业定额的初级阶段有效帮助建立和完善企业定额。

4. 企业使用计价定额的信息反馈

计价定额中有人工、材料、机械台班消耗量，企业就能够通过对这些消耗量的分析再结合企业自身情况进行投标报价。消耗量定额为企业提高投标报价、控制工程造价、降低工程成本提供了依据。

另外，企业在执行计价定额的过程中根据施工实际情况取得的技术测定资料不但是编制企业定额的基础数据，也是地区工程造价主管部门和工程造价协会积累工程造价数据资料的可靠来源，为今后修订计价定额积累资料。

4.6.2　应建立工程计价定额体系

计价定额体系应该由全国统一定额、地区计价定额、地区费用定额和企业定额构成。

统一定额与地区定额的数据具有关联性。编制全国统一定额要组织力量，采用科学的方法获取编制定额的基础资料，也可以根据提供的地区定额技术测定资料编制统一定额；反之，地区计价定额要根据全国统一定额的项目、内容、水平进行编制。

计价定额数据与企业定额数据也是相互关联的。计价定额是编制企业定额的参考依据；企业定额的测定和统计数据是编制地区计价定额的基础。

1. 全国统一定额

编制和颁发全国统一定额是目前我国社会主义市场经济的客观要求。我们处在一个不完全的市场经济条件下，市场经济体制下的法律法规还没有健全和完善，市场的诚信度还不高。所以必须要有一个反映社会平均水平消耗量的统一定额来主导和规范工程造价计算。

统一定额的项目应该包含全国各地常用的可以统一确定消耗量的分项工程项目，用于指导各地区编制单位估价表。

2. 地区计价定额

地区计价定额应该用完全的单位估价表形式来表现，既要有工、料、机消耗量指标，又要有工料机单价和定额基价。这是当前和今后一个阶段定额消耗量与要素价格分离的客观要求。

目前大部分地区只有定额材料的单价是放开的，定额人工费和机械费是指导价格，企业不能自主确定要素价格，这是工程造价在市场经济进程中的一个过渡阶段。

在建筑市场可预见的将来，工、料、机单价都可以放开。因为按照不能超过招标控制价和"合理低价"确定中标的规则，按人工市场价计算的人工费作为取费基数也是可行的，因为人工费不会太高，如果高了就会影响工程总价，不利于中标。

3. 企业定额

企业定额应该是包含工、料、机的消耗量定额。虽然企业定额的水平定义为平均先进水平，但这个"平均先进"水平不一定比计价定额的平均水平高。

企业定额主要是由企业组织技术力量通过测定和较准确的历史资料统计编制的。如果编制企业定额的技术力量薄弱，还可以根据计价定额的工、料、机消耗量与实际施工的工、料、机消耗量进行对比后调整为企业定额。这种调整是经常性的、不间断的、动态的、渐进式的工作。

4.6.3　采用科学的方法编制工程定额

定额的科学性是指编制定额的方法是科学的。因为科学的方法编制的定额能够真实地反映这个时期的生产率水平。这些方法主要有技术测定法、经验估计法、统计分析法、类推比较法等。

1. 技术测定法

技术测定法是一种科学的调查研究方法。它是通过施工过程的具体活动进行实地观察，详细记录工人和机械的工作时间消耗量、完成产品的数量及有关影响因素，并将记录结果进行科学地研究、分析、整理出可靠的原始数据资料，为制定定额提供可靠依据的一种科学的方法。

技术测定资料对于编制定额、科学组织施工、改进施工工艺、总结先进生产者的工作方法等方面，都具有十分重要的作用。

(1) 测时法

测时法是一种精确度比较高的技术测定方法，主要适用于研究以循环形成不断重复进行的施工过程。它主要用于观测研究循环施工过程，组成部分的工作时间消耗，不研究工人休息、准备与结束工作及其他非循环施工过程的工作时间消耗。采用测时法，可以为制定人工定额提供完成单位产品所必需的基本工作时间的可靠数据；可以分析研究工人的操作方法，总结先进经验，帮助工人班组提高劳动生产率。

(2) 写实记录法

写实记录法是技术测定的方法之一。它可以用来研究所有性质的工作时间消耗。包括基本工作时间、辅助工作时间、不可避免中断时间、准备与结束工作时间、休息时间以及各种损失时间。通过写实记录可以获得分析工作时间消耗和制定定额时所必需的全部资料。该方法比较简单，易于掌握，并能保证必要的精确度。因此，写实记录法在实际工作中得到广泛采用。

2. 经验估计法

经验估计法是由定额人员、工程技术人员和工人结合在一起，根据个人或集体的实践经验，经过图纸分析和现场观察、了解施工工艺、分析施工生产的技术组织条件和操作方法的繁简难易程度，通过座谈讨论、分析计算后确定定额消耗量的方法。

3. 统计分析法

统计分析法是将过去施工中同类施工过程工时消耗的统计资料，同当前施工组织与施工技术变化因素结合起来，进行分析研究后，确定工时消耗定额的方法。

4. 类推比较法

类推比较法又叫典型定额法，是以同类或相似类型的施工过程的典型定额消耗量为标准，经过与相邻定额的分析比较，类推出同一组相邻定额消耗量的方法。

4.6.4　人工定额编制方法

预算定额是根据人工定额、材料消耗定额、机械台班定额编制的，在讨论预算定额编制前应该了解上述三种定额的编制方法。

1. 人工定额的表现形式及相互关系

(1) 产量定额

在正常施工条件下某工种工人在单位时间内完成合格产品的数量，叫产量定额。产量定额的常用单位是：m²/工日、m³/工日、t/工日、套/工日、组/工日等。例如，砌一砖半厚标准砖基础的产量定额为：1.08m³/工日。

（2）时间定额

在正常施工条件下，某工种工人完成单位合格产品所需的劳动时间，称为时间定额。时间定额的常用单位是：工日/m²、工日/m³、工日/t、工日/组等。

例如，现浇混凝土过梁的时间定额为：1.99 工日/m³。

（3）产量定额与时间定额的关系

产量定额和时间定额是劳动定额两种不同的表现形式，他们之间是互为倒数的关系。

$$时间定额 = \frac{1}{产量定额}$$

或：

$$时间定额 \times 产量定额 = 1$$

利用这种倒数关系我们就可以求另外一种表现形式的劳动定额。例如：

$$一砖半厚砖基础的时间定额 = \frac{1}{产量定额} = \frac{1}{1.08} = 0.926 \text{ 工日/m}^3$$

$$现浇过梁的产量定额 = \frac{1}{时间定额} = \frac{1}{1.99} = 0.503 \text{m}^3/\text{工日}$$

2. 时间定额与产量定额的特点

产量定额以 m²/工日、m³/工日、t/工日、套/工日等单位表示，数量直观、具体，容易为工人理解和接受，因此，产量定额适用于向工人班组下达生产任务。

时间定额以工日/m²、工日/m³、工日/t、工日/组等为单位，不同的工作内容有共同的时间单位，定额完成量可以相加，因此，时间定额适用于劳动计划的编制和统计完成任务情况。

3. 劳动定额编制方法

在取得现场测定资料后，一般采用下列计算公式编制劳动定额。

$$N = \frac{N_{基} \times 100}{100 - (N_{辅} + N_{准} + N_{息} + N_{断})}$$

式中　　N——单位产品时间定额；

$N_{基}$——完成单位产品的基本工作时间；

$N_{辅}$——辅助工作时间占全部定额工作时间的百分比；

$N_{准}$——准备结束时间占全部定额工作时间的百分比；

$N_{息}$——休息时间占全部定额工作时间的百分比；

$N_{断}$——不可避免的中断时间占全部定额工作时间的百分比。

【例 4-2】根据下列现场测定资料，计算每 100m² 水泥砂浆抹地面的时间定额和产量定额。

基本工作时间：1450 工分/50m²；

辅助工作时间：占全部工作时间 3%；

准备与结束工作时间：占全部工作时间 2%；

不可避免中断时间：占全部工作时间 2.5%；

休息时间：占全部工作时间 10%。

【解】
$$\text{抹 }100\text{m}^2\text{ 水泥砂浆地面的时间定额} = \frac{1450\times100}{100-(3+2+2.5+10)}\div50\times100$$

$$= \frac{145000}{100-17.5}\times\frac{100}{50} = \frac{145000}{82.5}\times2$$

$$= 3515\text{ 工分} = 58.58\text{ 工时}$$

$$= 7.32\text{ 工日}$$

$$\text{抹水泥砂浆地面的时间定额} = 7.32\text{ 工日}/100\text{m}^2$$

$$\text{抹水泥砂浆地面的产量定额} = \frac{1}{7.32} = 0.137(100\text{m}^2)/\text{工日} = 13.7\text{m}^2/\text{工日}$$

4.6.5 材料消耗定额编制方法

1. 材料净用量定额和损耗量定额

（1）材料消耗量定额的构成

材料消耗量定额的消耗量包括：

1）直接耗用于建筑安装工程上的构成工程实体的材料；

2）不可避免产生的施工废料；

3）不可避免的施工废料、施工操作损耗。

（2）材料消耗净用量定额与损耗量定额的划分

直接构成工程实体的材料，称为材料消耗净用量定额。不可避免的施工废料和施工操作损耗，称为材料损耗量定额。

（3）净用量定额与损耗量定额之间的关系

材料消耗量定额＝材料消耗净用量定额＋材料损耗量定额

$$\text{材料损耗率} = \frac{\text{材料损耗量定额}}{\text{材料消耗量定额}}\times100\%$$

或：
$$\text{材料损耗率} = \frac{\text{材料损耗量}}{\text{材料总消耗量}}\times100\%$$

$$\text{材料消耗定额} = \frac{\text{材料消耗净用量定额}}{1-\text{材料损耗率}}$$

或：
$$\text{总消耗量} = \frac{\text{净用量}}{1-\text{损耗率}}$$

在实际工作中，为了简化上述计算过程，常用下列公式计算总消耗量：

$$\text{总消耗量} = \text{净用量}\times(1+\text{损耗率}')$$

其中：
$$\text{损耗率}' = \frac{\text{损耗量}}{\text{净用量}}$$

2. 编制材料消耗定额的基本方法

（1）现场技术测定法

用该方法可以取得编制材料消耗量定额的全部资料。

一般，材料消耗量定额中的净用量比较容易确定，损耗量较难确定。我们可以通过现场技术测定方法来确定材料的损耗量。

（2）试验法

试验法是在实验室内采用专门的仪器设备，通过实验的方法来确定材料消耗定额的一种方法。用这种方法提供的数据，虽然精度较高，但容易脱离现场实际情况。

（3）统计法

统计法是通过对现场用料的大量统计资料进行分析计算的一种方法。用该方法可以获得材料消耗定额的数据。

虽然统计法比较简单，但不能准确区分材料消耗的性质，因而不能区分材料净用量和损耗量，只能笼统地确定材料消耗定额。

（4）理论计算法

理论计算法是运用一定的计算公式确定材料消耗定额的方法。该方法较适合计算块状、板状、卷材状的材料消耗量计算。

4.6.6 机械台班定额编制方法

编制机械台班定额，主要包括以下内容。

1. 拟定正常施工条件

拟定机械工作正常的施工条件，主要是拟定工作地点的合理组织和拟定合理的工人编制。

2. 确定机械纯工作一小时的正常生产率

机械纯工作一小时的正常生产率，就是在正常施工条件下，由具备一定技能的技术工人操作施工机械净工作一小时的劳动生产率。

确定机械纯工作一小时正常劳动生产率可分三步进行。

第一步，计算机械循环一次的正常延续时间。它等于本次循环中各组成部分延续时间之和，计算公式为：

$$机械循环一次正常延续时间 = 在循环内各组成部分延续时间$$

【例4-3】某轮胎式起重机吊装大型屋面板，每次吊装一块，经过现场计时观察，测得循环一次的各组成部分的平均延续时间如下，试计算机械循环一次的正常延续时间。

挂钩时的停车 30.2s；

将屋面板吊至15m高 95.6s；

将屋面板下落就位 54.3s；

解钩时的停车 38.7s；

回转悬臂、放下吊绳空回至构件堆放处 51.4s。

【解】轮胎式起重机循环一次的正常延续时间＝30.2＋95.6＋54.3＋38.7＋51.4
$$＝270.2s$$

第二步，计算机械纯工作一小时的循环次数，计算公式为：

$$机械纯工作1小时循环次数 = \frac{60 \times 60 \, 秒}{一次循环的正常延续时间}$$

【例4-4】根据上例计算结果，计算轮胎式起重机纯工作一小时的循环次数。

【解】 $轮胎式起重机纯工作1小时循环次数 = \dfrac{60 \times 60}{270.2} = 13.32 \, 次$

第三步，求机械纯工作一小时的正常生产率，计算公式为：

$$\begin{array}{c}机械纯工作1小时\\正常生产率\end{array} = \begin{array}{c}机械纯工作1小时\\正常循环次数\end{array} \times \begin{array}{c}一次循环\\的产品数量\end{array}$$

【例4-5】根据上例计算结果的每次吊装1块的产品数量，计算轮胎式起重机纯工作1小时的正常生产率。

【解】 $\dfrac{\text{轮胎式起重机纯工作}}{\text{1 小时正常生产率}} = 13.32\text{ 次} \times 1\text{ 块/次} = 13.32\text{ 块}$

3. 确定施工机械的正常利用系数

确定机械正常利用系数，首先要计算工作班在正常状况下，准备与结束工作，机械开动，机械维护等工作必须消耗的时间以及有效工作的开始与结束时间，然后再计算机械工作班的纯工作时间，最后确定机械正常利用系数。机械正常利用系数按下列公式计算。

$$\frac{\text{机械正常}}{\text{利用系数}} = \frac{\text{工作班内机械纯工作时间}}{\text{机械工作班延续时间}}$$

4. 计算机械台班定额

计算公式如下：

$$\frac{\text{施工机械台}}{\text{班产量定额}} = \frac{\text{机械纯工作}}{\text{1 小时正常生产率}} \times \frac{\text{工作班}}{\text{延续时间}} \times \frac{\text{机械正常}}{\text{利用系数}}$$

【例 4-6】 轮胎式起重机吊装大型屋面板，机械纯工作一小时的正常生产率为 13.32 块，工作班 8h 内实际工作时间 7.2h，求产量定额和时间定额。

【解】（1）计算机械正常利用系数

$$\text{机械正常利用系数} = \frac{7.2}{8} = 0.9$$

（2）计算机械台班产量定额

$$\frac{\text{轮胎式起重机}}{\text{台班产量定额}} = 13.32 \times 8 \times 0.9 = 96\text{ 块 / 台班}$$

（3）求机械台班时间定额

$$\frac{\text{轮胎式起重机}}{\text{台班时间定额}} = \frac{1}{96} = 0.01\text{ 台班 / 块}$$

4.6.7 预算定额编制方法

1. 预算定额的编制原则

（1）平均水平原则

平均水平是指编制预算定额时应遵循价值规律的要求，即按生产该产品的社会必要劳动量来确定其人工、材料、机械台班消耗量。这就是说，在正常施工条件，以平均的劳动强度、平均的技术熟练程度、平均的技术装备条件，完成单位合格建筑产品所需的劳动消耗量来确定预算定额的消耗量水平。这种以社会必要劳动量来确定定额水平的原则，就称为平均水平原则。

（2）简明适用原则

定额的简明与适用是统一体中的一对矛盾，如果只强调简明，适用性就差；如果单纯追求适用，简明性就差。因此，预算定额应在适用的基础上力求简明。

2. 预算定额的编制步骤

编制预算定额一般分为以下三个阶段进行。

（1）准备工作阶段

1）根据工程造价主管部门的要求，组织编制预算定额的领导机构和专业小组。

2）拟定编制定额的工作方案，提出编制定额的基本要求，确定编制定额的原则、适用范围，确定定额的项目划分以及定额表格形式等。

3）调查研究，收集各种编制依据和资料。

（2）编制初稿阶段

1）对调查和收集的资料进行分析研究。

2）按编制方案中项目划分的要求和选定的典型工程施工图计算工程量。

3）根据取定的各项消耗指标和有关编制依据，计算分项工程定额中的人工、材料和机械台班消耗量，编制出定额项目表。

（3）测算定额水平阶段

定额初稿编出后，应将新编定额与原定额进行比较，测算新定额的水平。

（4）修改和定稿阶段

组织有关部门和单位讨论新编定额，将征求到的意见交编制专业小组修改定稿，并写出送审报告，交审批机关审定。

3. 确定预算定额消耗量指标的方法

（1）定额项目计量单位的确定

预算定额项目计量单位的选择，与预算定额的准确性、简明适用性有着密切的关系。因此，要首先确定好定额各项目的计量单位。

在确定定额项目计量单位时，应首先考虑采用该单位能否确切反映单位产品的工、料、机消耗量，保证预算定额的准确性；其次，要有利于减少定额项目数量，提高定额的综合性；最后，要有利于简化工程量计算和预算的编制，保证预算的准确性和及时性。

（2）预算定额消耗量指标的确定

确定预算定额消耗量指标，一般按以下步骤进行。

1）按选定的典型工程施工图及有关资料计算工程量

计算工程量的目的是为了综合不同类型工程在本定额项目中实物消耗量的比例数，使定额项目的消耗量更具有广泛性、代表性。

2）确定人工消耗量指标

预算定额中的人工消耗量指标是指完成该分项工程必须消耗的各种用工量。包括基本用工、材料超运距用工、辅助用工和人工幅度差。

① 基本用工。指完成该分项工程的主要用工。例如，砌砖墙中的砌砖、调制砂浆、运砖等的用工。采用劳动定额综合成预算定额项目时，还要增加附墙烟囱、垃圾道砌筑等的用工。

② 材料超运距用工。拟定预算定额项目的材料、半成品平均运距要比劳动定额中确定的平均运距远。因此在编制预算定额时，比劳动定额远的那部分运距，要计算超运距用工。

③ 辅助用工。指施工现场发生的加工材料的用工。例如筛砂子、淋石灰膏的用工。这类用工在劳动定额中是单独的项目，但在编制预算定额时，要综合进去。

④ 人工幅度差。主要指在正常施工条件下，预算定额项目中劳动定额没有包含的用工因素以及预算定额与劳动定额的水平差。例如，各工种交叉作业的停歇时间，工程质量检查和隐蔽工程验收等所占的时间。

预算定额的人工幅度差系数一般在 10%～15%。人工幅度差的计算公式为：

人工幅度差＝（基本用工＋超运距用工＋辅助用工）×人工幅度差系数

3）材料消耗量指标的确定

由于预算定额是在劳动定额、材料消耗定额、机械台班定额的基础上综合而成的，所以其材料消耗量也要综合计算。例如，每砌 10m³ 一砖内墙的灰砂砖和砂浆用量的计算过程如下：

① 计算 10m³ 一砖内墙的灰砂砖净用量；

② 根据典型工程的施工图计算每 10m³ 一砖内墙中梁头、板头所占体积；

③ 扣除 10m³ 砖墙体积中梁头、板头所占体积；

④ 计算 10 m³ 一砖内墙砌筑砂浆净用量；

⑤ 计算 10m³ 一砖内墙灰砂砖和砂浆的总消耗量。

4）机械台班消耗指标的确定

预算定额中配合工人班组施工的施工机械，按工人小组的产量计算台班产量。计算公式为：

$$分项工程定额机械台班使用量 = \frac{分项工程定额计量单位值}{小组总产量}$$

4. 编制预算定额项目表

当分项工程的人工、材料、机械台班消耗量指标确定后，就可以着手编制预算定额项目表（表 4-17）。

预算定额项目表 表 4-17

工程内容：略　　　　　　　　　　　　　　　　　　　　　　　　　单位：10m³

定 额 编 号			×××	×××	×××
项　　目		单位	内　墙		
			1 砖	3/4 砖	1/2 砖
人工	砖　工	工日	12.046		
	其他用工	工日	2.736	……	……
	小　计	工日	14.783		
材料	灰砂砖	块	5194	……	……
	砂　浆	m³	2.218		
机械	塔吊 2t	台班	0.475		
	砂浆搅拌机 200L	台班	0.475	……	……

4.6.8　概算定额编制

1. 概算定额的概念

概算定额亦称扩大结构定额。它规定了完成单位扩大分项工程或结构构件所必须消耗的人工、材料、机械台班的数量标准。

概算定额是由预算定额综合而成的，即将预算定额中有联系的若干个分项工程项目综合为一个概算定额项目。例如，砖基础工程在预算定额中一般划分为人工挖地槽土方、基础垫层、砖基础、墙基防潮层等若干个分项工程。但在概算定额中，可以将上述若干个项目综合为一个概算定额项目，即砖基础项目。

2. 概算定额的主要作用

（1）是扩大初步设计阶段编制设计概算和技术设计阶段编制修正概算的依据；

（2）是对设计项目进行技术经济分析和比较的依据；

（3）是编制建设项目主要材料申请计划的依据；

（4）是编制招投标工程投标价和控制价的依据。

3. 概算定额的编制依据

（1）现行的预算定额；

（2）选择的典型工程施工图和其他有关资料；

（3）现行的概算定额；

（4）人工单价、材料单价和机械台班单价。

4. 概算定额的编制步骤

（1）准备工作阶段

该阶段的主要工作是确定编制机构和人员的组成，进行调查研究，了解现行概算定额的执行情况和存在的问题，明确编制定额的目的。在此基础上，制定出编制方案和确定概算定额项目。

（2）编制初稿阶段

该阶段根据制定的编制方案和确定的定额项目，收集和整理各种数据，对各种资料进行深入细致的测算和分析，确定各项目的消耗量指标，然后编制出定额初稿。

该阶段要测算定额水平，内容包括两个方面：新编概算定额与原概算定额的水平；概算定额与预算定额的水平。

（3）审查定额阶段

该阶段要组织有关部门讨论定额初稿，在听取合理意见的基础上进行修改。最后将修改稿报请上级主管部门审批。

4.6.9 概算指标编制

1. 概算指标的概念

概算指标是以整个建筑物或构筑物为对象，以"m^2"、"m^3"、"座"等为计量单位，规定了人工、机械台班、材料消耗量指标的一种标准。

2. 概算指标的主要作用

（1）它是建设主管部门编制投资估算和编制建设计划，估算主要材料需用量计划的依据；

（2）它是设计单位编制初步设计概算，选择设计方案的依据；

（3）它是考核建设投资效果的依据；

（4）它是编制招投标工程投标价和控制价的依据。

3. 概算指标的主要内容和形式

概算指标的内容和形式没有统一的规定，一般包括以下内容：

（1）工程概况。包括建筑面积、结构类型、建筑层数、建筑地点、建设时间、工程各部位的结构及做法等。

（2）工程造价及费用组成指标。

（3）每平方米建筑面积工程量指标。

（4）每平方米建筑面积工料消耗指标。

概算指标实例见表4-18～表4-20。

某地区砖混结构住宅概算指标

表 4-18

工程名称	××商住楼	结构类型	砖混结构	建筑层数	6 层
建筑面积	3115m²	施工地点	××市	竣工日期	×年×月

结构特征	基础	墙体	楼面	地面	屋面
	混凝土带形基础	240mm 厚标准砖墙	现浇混凝土楼板	混凝土垫层，水泥砂浆面	水泥炉渣找坡，ABS 防水层
	门窗	内装饰	外墙装饰	电照	给水排水
	铝合金窗，防盗门，木门	混合砂浆抹内墙面，瓷砖墙裙	外墙面砖	导线穿 PC 管暗敷	PE 给水管，PVC 排水管，蹲式大便器

项目		平方米指标（元/m²）	其中各项费用占造价百分比（%）								
			直接费					企业管理费	规费	利润	税金
			人工费	材料费	机械费	措施费	直接费小计				
工程造价		808.83	9.26	60.15	2.30	5.28	76.99	7.87	5.78	6.28	3.08
其中	土建工程	723.30	9.49	59.68	2.44	5.31	76.92	7.89	5.77	6.34	3.08
	给水排水工程	48.12	5.85	68.52	0.65	4.55	79.57	6.96	5.39	5.01	3.07
	电照工程	37.41	7.03	63.17	0.48	5.48	76.16	8.34	6.44	6.00	3.06

土建工程预算分部结构占直接费比率及每平方来建筑面积主要工程量

表 4-19

项目	单位	每平方米工程量	占直接费（%）	项目	单位	每平方米工程量	占直接费（%）
一、基础工程			12.04	铝合金窗	m²	0.226	
人工挖土	m³	0.753		木门	m²	0.145	
混凝土带形基础	m³	0.022		防盗门	m²	0.026	
混凝土独立基础	m³	0.011					
混凝土柱基	m³	0.024		五、楼地面工程			4.11
混凝土挡土墙	m³	0.013		混凝土垫层	m³	0.019	
砖基础	m³	0.070		混凝土地面	m²	0.342	
				水泥砂浆地面	m²	0.642	
二、结构工程			43.06	水磨石地面	m²	0.116	
钢筋混凝土柱	m³	0.032		瓷砖地面	m²	0.012	
砖内墙	m³	0.208					
砖外墙	m³	0.087		六、室内装修			12.48
钢筋混凝土梁	m³	0.033		内墙抹灰	m²	2.271	
钢筋混凝土过梁	m³	0.030		瓷砖墙裙	m²	0.020	
钢筋混凝土板	m³	0.115		顶棚楞木	m²	0.034	
其他现浇构件	m³	0.030		钢板网顶棚	m²	0.032	
预制过梁	m³	0.002		轻钢龙骨吊顶	m²	0.126	
三、屋面工程			5.02	七、外墙装饰			6.10
水泥炉渣找坡	m³	0.150		外墙面砖	m²	0.210	
ABS 防水层	m²	0.443					
PVC 排水管	m	0.004		八、其他工程			5.26
				（检查井、化粪池等）			
四、门窗工程			11.93				

每平方米建筑面积工料消耗指标 表 4-20

项目	单位	每平方米耗用量	项目	单位	每平方米耗用量
一、定额用工	工日	7.050	生石灰	t	0.018
土建工程	工日	5.959	砂子	m³	0.470
水电安装工程	工日	1.091	石子	m³	0.234
二、材料消耗量			炉渣	m³	0.016
钢筋	t	0.053	玻璃	m²	0.099
型钢	kg	11.518	胶合板	m²	0.264
铁件	kg	0.002	玻纤布	m²	0.240
水泥	t	0.157	油漆	kg	0.693
锯材	m³	0.021	PC管	m	1.662
标准砖	千块	0.160	导线	m	1.660

4.7 未来工程定额管理展望

4.7.1 颁发工程计价定额编制规范

1. 规范定额编制工作

通过《建设工程定额编制规范》，规范我国建设工程定额编制标准，以统一和规范全国、地方和行业的定额编制工作。

目前，我国没有一个统一的建设工程定额编制规定，导致全国各省市自治区编写出的工程定额从形式上、结构上、内容上五花八门。这种定额编制的格局已经影响了我国定额编制管理工作，影响了定额反映社会生产力水平正确确定工程造价的作用，影响了企业定额编制和使用企业定额的发展进程。因此，急需有一个统一的标准规范工程定额的编制内容和编制方法。

2. 编制依据与原则

（1）编制依据

定额编制规范的主要编制依据包括：《中华人民共和国建筑法》、《中华人民共和国招标投标法》、《中华人民共和国招标投标法实施条例》、《工程建设标准编写规定》、《建设工程工程量清单计价规范》、《建设项目工程结算编审规程》等。

（2）编制原则

定额编制规范主要编制原则包括：符合社会主义市场经济条件下市场机制等规律、遵循价值规律对建设工程定额的客观要求、符合建设投资管理对工程定额的客观要求、客观反映建设行业的劳动生产力水平、制定符合中国特色且具有可操作性的定额编制内容和编制方法等原则。

3. 适用范围

定额编制规范适用编制设计、勘察阶段使用建设工程定额；工程招投标的交易阶段发承包、造价咨询等各方使用建设工程定额；施工阶段发承包、设计、监理等各方使用建设工程定额；竣工阶段发承包、设计、监理等各方使用建设工程定额。

4. 主要内容

规范由正文、附录和条文说明三部分组成。

包括总则、目的、适用范围、建设工程定额的编制原则及要求、建设工程定额结构与内容、建设工程定额信息编码、工程计价定额的结构与内容、成本控制定额的结构与内容、建设工程费用定额的结构与内容。

工程计价类定额包括估算指标、概算指标、概算定额、预算定额、企业定额。

成本控制类定额包括人工定额、材料消耗量定额、机械台班消耗量定额。

费用类定额包括企业管理费定额、措施项目费定额、其他项目费定额、规费定额、利润和税金定额。

工程建设定额编制数据采集包括概算指标数据采集方法、概算定额数据采集方法、预算定额数据采集方法、企业定额数据采集方法等。

建设工程定额修订包括工程计价类定额的修订、成本控制类定额修订、建设工程费用类定额修订等。

建设工程定额数据库建设包括：国家定额数据库计算，行业定额数据库建设，省、自治区、直辖市定额数据库建设，企业定额数据库建设，行业要素价格数据库建设，地区要素价格数据库建设，企业要素价格数据库建设，国际承包工程要素价格数据库建设等。

4.7.2 建立全国统一、行业协会指导、地方实施、企业协作的定额管理体制

1. 全国统一工程定额管理体制

全国统一是指各统一专业定额的编制以规范的形式规定定额内容统一、表现形式统一。全国统一的专业定额编制。比如，编制统一建筑工程消耗量定额、统一电力工程消耗量定额、统一公路工程消耗量定额、统一铁路工程消耗量定额等。

全国统一还设置主体定额，将统一定额中相同的专业项目归口统一。比如，电力工程消耗量定额、公路工程消耗量定额、铁路工程消耗量定额等中的土石方、砖石基础、砖石墙体等项目都由建筑工程消耗量定额这个定额的主体定额项目为基础制定。

全国统一，包括由我国的行政主管部门根据我国的各种法律制定统一的工程造价管理法规。

2. 行业协会指导工程定额编制与应用

行业协会指导包括根据行政主管部门的法规制定实施细则和规程，指导各地区的工程造价协会和企业进行科学的工程造价管理。

3. 地方造价管理部门制定实施细则

地方工程造价行政主管部门和造价协会根据国家制定的法规和行业制定的规程、实施细则发布工程造价管理的办法包括定额编制管理的实施办法。

4. 企业协作积累造价资料编制好施工定额

企业是贯彻落实工作法律法规、实施细则和规程以及管理办法的主体。企业一方面在有效的管理下进行企业定额编制工作的有效运转，另一方面在有效运转的过程中提供各种

定额消耗量的各种数据，添加到地区工程造价资料积累数据库，汇总到全国的造价数据库，作为编制地区定额的基础数据和作为编制统一定额的基础数据。同时通过积累定额资料编制施工定额（企业定额）。

4.7.3 建立统一定额、地方定额、企业定额数据共享机制

1. 建立定额数据共享数据库

建立统一定额、地方定额、企业定额共享数据库的目的是为编制、修订定额提供科学的数据，改变以往对编制的定额消耗量数据来源、数据准确性说不清楚的尴尬局面。

2. 定额共享数据库的运行机制

该运行机制是遵循定额数据准确性的客观规律。定额的科学性主要是指在采用了科学的技术测定法获取的数据为基础来编制定额的方法。

统一定额、地方定额、企业定额从理论上讲，都应该用技术测定资料来编制。但我国目前由于定额制定的投入不够，编制力量不够，重视程度不够等多种原因，很少采用技术测定法来取得定额数据。采用统计分析法也是科学的可行的方法，但前提是统计资料必须是真实的，而这点目前基本做不到。

开始阶段，统一定额、地方定额、企业定额都要通过采用技术测定获取数据，每次可以搞一部分，连续滚动搞下去就能打好基础。

然后，经过一定时期后，建立统一定额、地方定额、企业定额数据共享的良性循环的数据链。统一定额指导地方定额、地方定额指导企业定额，反过来企业定额为地方定额提供测定数据、地方定额为统一定额提供测定数据。这种互相依靠又互相制约的客观关系产生的良性循环必将定额的编制水平提得越来越高。

建立定额数据库是保障建立健全工程造价定额管理体制的基础性工作。

4.7.4 规定计价定额要有完整的工、料、机消耗量

计价定额工、料、机消耗量是定额生命力的表现。计价定额主要指消耗量定额和单位估价表。

定额有了消耗量，可以让使用者掌握定额水平，企业可以通过分析消耗量帮助建立自己的企业定额，可以将工程结算的消耗量数据作为建立数据库的主要数据来源，可以用不同时期的工程造价资料通过消耗量的对比分析进行定额水平分析、工程成本分析、编制成本控制计划等。

如果定额没有完整的消耗量，企业在投标报价时无法准确决策在招标控制价范围内如何调整人工、机械台班消耗量来合理降低其消耗量，确定合理低价。

如果定额不反映完整的消耗量，那么完成一个工程后企业弄不清楚亏本或盈利的原因，心中无数也就谈不上工程成本控制，定额的作用大大削弱。

定额没有完整的消耗量会影响与定额有关的各项工作的科学性和准确性。因为采用技术测定法等方法取得的定额资料是科学的、准确的。

4.7.5 实行主体项目统一管理的办法

通过上面我们对建筑工程基础定额、公路工程预算定额、水利水电工程预算定额等统一定额的砂浆砌砖基础项目和人工挖冻土项目的对比分析已经知道，不同专业定额的相同项目之间的人工消耗量水平有较大的差异。造成这种差异的根本原因是各自为政，没有统一消耗量水平。

我们认为，应该对各专业的统一定额作一个主体项目的划分，例如公路工程预算定额、铁路工程预算定额中的建筑工程专业项目应该以建筑工程预算的消耗量为准进行微调；与道路面层、垫层、基础等项目应该以公路工程预算定额的项目为准进行微调；工厂内、工业厂房出现铁道铺设项目就应该以铁路工程预算定额的项目为准进行微调。诸如此类，这样的项目我们称为主体项目。也就是各专业的统一定额要确定一些主体项目供其他专业统一定额采用，解决上面同样一个定额项目消耗量水平。

5 施工图预算编制实例

5.1 施 工 图

青年活动室施工图见图 5-1。

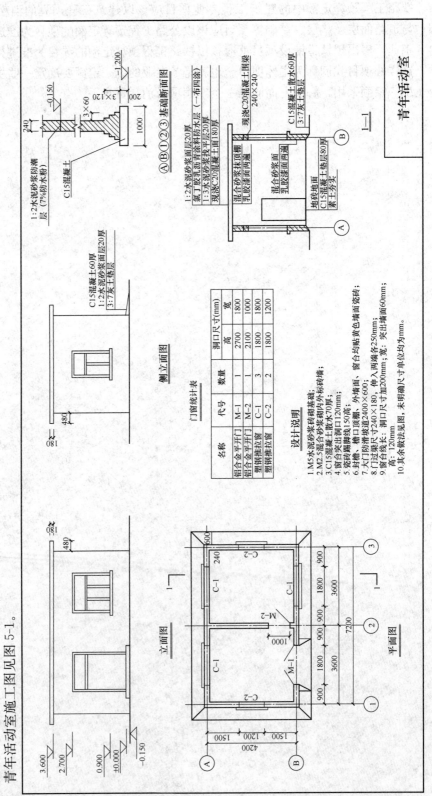

门窗统计表

名称	代号	数量	洞口尺寸(mm) 高	宽
铝合金平开门	M-1	1	2700	1800
铝合金平开门	M-2	1	2100	1000
塑钢推拉窗	C-1	3	1800	1800
塑钢推拉窗	C-2	2	1800	1200

设计说明

1. M5水泥砂浆砖砌基础;
2. M2.5混合砂浆砌内外标砖墙;
3. C15混凝土散水70厚;
4. 窗台突出洞口120mm;
5. 瓷砖踢脚线150高;
6. 封檐、檐口顶棚、外墙面、窗台均贴黄色墙面瓷砖;
7. 大门防滑坡道400×600;
8. 门过梁尺寸240×180,伸入两端各250mm;
9. 窗台板长:洞口尺寸加200mm;宽:突出墙面60mm;高:120mm
10. 其余做法见图,未明确尺寸单位均为mm。

图 5-1 青年活动室施工图

5.2　选用的某地区预算定额

某地区预算定额摘录

工作内容：挖土、槽边堆土（不含倒土），修理槽壁与底。

单位：100m³

定　额　编　号		A1-15	A1-16	A1-17	A1-18
项　目　名　称		人工挖沟槽			
		三类土			
		深度（m以内）			
		2	3	4	6
基　　价（元）		2435.07	2715.66	2996.25	3453.09
其中	人　工　费（元）	2435.07	2715.66	2996.25	3453.09
	材　料　费（元）	—	—	—	—
	机　械　费（元）	—	—	—	—

名　　称	单位	单价（元）	数　　量			
人工 综合用工三类	工日	47.00	51.810	57.780	63.750	73.470

工作内容：挖土、槽边堆土（不含倒土），修理槽壁与底。

单位：100mm³

定　额　编　号		A1-19	A1-20	A1-21	A1-22
项　目　名　称		人工挖沟槽			
		四类土			
		深度（m以内）			
		2	3	4	6
基　　价（元）		3683.86	3844.13	4006.28	4386.98
其中	人　工　费（元）	3683.86	3844.13	4006.28	4386.98
	材　料　费（元）	—	—	—	—
	机　械　费（元）	—	—	—	—

名　　称	单位	单价（元）	数　　量			
人工 综合用工三类	工日	47.00	78.380	81.790	85.240	93.340

A.1.1.4　人工原土打夯、平整场地、回填土、山坡切土

工作内容：1. 原土打夯：碎土、平土、夯土、泼水。2. 平整场地：在±30cm 以内的挖、填、找平。

单位：100m³

定　额　编　号			A1-38	A1-39
项　目　名　称			原土打夯	平整场地
基　　价（元）			81.93	142.88
其中	人　工　费（元）		64.39	142.88
	材　料　费（元）		—	—
	机　械　费（元）		17.54	—

	名　称	单位	单价（元）	数　量	
人工	综合用工三类	工日	47.00	1.370	3.040
机械	夯实机（电动）夯击能力 20～62N·m	台班	31.33	0.560	—

工作内容：1. 回填土：5m 以内取土、回填、铺平、夯实。2. 回填灰土：拌合灰土、夯实、场内运输。

单位：100mm³

定　额　编　号			A1-40	A1-41	A1-42
项　目　名　称			回填土		回填灰土
			松填	夯填	2∶8
基　　价（元）			388.22	1582.46	7619.09
其中	人　工　费（元）		388.22	1332.45	2434.60
	材　料　费（元）		—	—	4933.85
	机　械　费（元）		—	250.01	250.64

	名　称	单位	单价（元）	数　量		
人工	综合用工三类	工日	47.00	8.260	28.350	51.800
材料	灰土2∶8	m³	—	—	—	(101.000)
	黏土	m³	—	—	—	(135.340)
	生石灰	t	290.00	—	—	16.665
	水	m³	5.00	—	—	20.200
机械	夯实机（电动）夯击能力 20～62N·m	台班	31.33	—	7.980	8.000

工作内容：修整石方爆破后的边坡、清理石渣。

单位：100m³

定 额 编 号			A1-66	A1-67	A1-68	A1-69
项 目 名 称			修整边坡			
			松石	次坚石	普坚石	特坚石
基 价（元）			641.55	820.15	1730.07	3325.25
其中	人 工 费（元）		641.55	820.15	1730.07	3325.25
	材 料 费（元）		—	—	—	—
	机 械 费（元）		—	—	—	—
名 称	单位	单价（元）	数 量			
人工 综合用工三类	工日	47.00	13.650	17.450	36.810	70.750

A.1.1.6 人工运土方、淤泥、流砂

工作内容：包括清理道路、铺移及拆除道板，装、运、卸土方、淤泥等全部操作过程。

单位：100m³

定 额 编 号			A1-70	A1-71	A1-72	A1-73
项 目 名 称			人工运土方		人工运淤泥、流砂	
			运距20m以内	200m以内每增加20m	运距20m以内	200m以内每增加20m
基 价（元）			924.49	206.80	1994.21	298.92
其中	人 工 费（元）		924.49	206.80	1994.21	298.92
	材 料 费（元）		—	—	—	—
	机 械 费（元）		—	—	—	—
名 称	单位	单价（元）	数 量			
人工 综合用工三类	工日	47.00	19.670	4.400	42.430	6.360

A.3.1 砌 砖

A.3.1.1 基础及实砌内外墙

工作内容： 1. 调运砂浆（包括筛砂子及淋灰膏）、砌砖。基础包括清理基槽。2. 砌窗台虎头砖、腰线、门窗套。3. 安放木砖、铁件。

单位：10m³

定 额 编 号			A3-1	A3-2	A3-3	A3-4
项 目 名 称			砖基础	砖砌内外墙（墙厚）		
				一砖以内	一砖	一砖以上
基 价（元）			2918.52	3467.25	3204.01	3214.17
其中	人 工 费（元）		584.40	985.20	798.60	775.20
	材 料 费（元）		2293.77	2447.91	2366.10	2397.59
	机 械 费（元）		40.35	34.14	39.31	41.38

	名 称	单位	单价（元）	数 量			
人工	综合用工二类	工日	60.00	9.740	16.420	13.310	12.920
材料	水泥砂浆 M5（中砂）	m³	—	(2.360)	—	—	—
	水泥石灰砂浆 M5（中砂）	m³	—		(1.920)	(2.250)	(2.382)
	标准砖 240×115×53	千块	380.00	5.236	5.661	5.314	5.345
	水泥 32.5 级	t	360.00	0.505	0.411	0.482	0.510
	中砂	t	30.00	3.783	3.078	3.607	3.818
	生石灰	t	290.00	—	0.157	0.185	0.195
	水	m³	5.00	1.760	2.180	2.280	2.360
机械	灰浆搅拌机 200L	台班	103.45	0.390	0.330	0.380	0.400

A.4.1.3 梁

工作内容：混凝土搅拌、场内水平运输、浇捣、养护等。

单位：10m³

定　额　编　号			A4-20	A4-21	A4-22	A4-23
项　目　名　称			基础梁	单梁连续梁	异形梁	圈梁弧形圈梁
基　价（元）			2908.78	3035.92	3083.52	3498.43
其中	人　工　费（元）		773.40	900.60	942.60	1399.20
	材　料　费（元）		2022.67	2022.61	2028.21	2030.05
	机　械　费（元）		112.71	112.71	112.71	69.18
名　称	单位	单价（元）	数　　量			
人工	综合用工二类	工日	60.00	12.890	15.010	15.710	23.320
材料	现浇混凝土（中砂碎石）C20~C40	m³	—	(10.000)	(10.000)	(10.000)	(10.000)
	水泥 32.5 级	t	360.00	3.250	3.250	3.250	3.250
	中砂	t	30.00	6.690	6.690	6.690	6.690
	碎石	t	42.00	13.660	13.660	13.660	13.660
	塑料薄膜	m²	0.80	24.120	23.800	28.920	33.040
	水	m³	5.00	11.790	11.830	12.130	11.840
机械	滚筒式混凝土搅拌机 500L 以内	台班	151.10	0.620	0.620	0.620	0.380
	混凝土振捣器（插入式）	台班	15.47	1.230	1.230	1.230	0.760

工作内容：混凝土搅拌、场内水平运输、浇捣、养护等。　　　　　　　单位：10m³

定　额　编　号			A4-24	A4-25	A4-26
项　目　名　称			过梁	拱形梁弧形梁	叠合梁
基　价（元）			3706.20	3551.62	3281.20
其中	人　工　费（元）		1515.60	1399.80	1069.20
	材　料　费（元）		2077.89	2039.11	2099.29
	机　械　费（元）		112.71	112.71	112.71
名　称	单位	单价（元）	数　　量		
人工	综合用工二类	工日	60.00	25.260	23.330	17.820
材料	现浇混凝土（中砂碎石）C20~C40	m³	—	(10.000)	(10.000)	(10.000)
	水泥 32.5 级	t	360.00	3.250	3.250	3.250
	中砂	t	30.00	6.690	6.690	6.690
	碎石	t	42.00	13.660	13.660	13.660
	塑料薄膜	m²	0.80	74.280	39.920	88.840
	水	m³	5.00	14.810	12.550	16.760
机械	滚筒式混凝土搅拌机 500L 以内	台班	151.10	0.620	0.620	0.620
	混凝土振捣器（插入式）	台班	15.47	1.230	1.230	1.230

A.4.1.5 板

工作内容：混凝土搅拌、场内水平运输、浇捣、养护等。

单位：10m³

定 额 编 号				A4-34	A4-35	A4-36	A4-37
项 目 名 称				无梁板	平板	拱形板	预制板间补现浇板缝
基 价（元）				2869.74	3039.03	3346.63	3193.71
其中	人 工 费（元）			710.40	784.80	1137.60	916.20
	材 料 费（元）			2044.50	2139.39	2094.19	2162.67
	机 械 费（元）			114.84	114.84	114.84	114.84
名 称		单位	单价（元）	数 量			
人工	综合用工二类	工日	60.00	11.840	13.080	18.960	15.270
材料	现浇混凝土(中砂碎石)C20-20	m³	—	—	—	(10.000)	(10.000)	(10.000)
	现浇混凝土(中砂碎石)C20-40	m³	—	(10.000)	—	—	—
	水泥 32.5 级	t	360.00	3.250	3.520	3.520	3.520
	中砂	t	30.00	6.690	6.950	6.950	6.950
	碎石	t	42.00	13.660	12.970	12.970	12.970
	塑料薄膜	m²	0.80	42.040	56.880	18.000	76.720
	水	m³	5.00	13.290	14.690	11.870	16.170
机械	滚筒式混凝土搅拌机 500L 以内	台班	151.10	0.620	0.620	0.620	0.620
	混凝土振捣器（插入式）	台班	15.47	0.620	0.620	0.620	0.620
	混凝土振捣器（平板式）	台班	18.65	0.620	0.620	0.620	0.620

工作内容：1. 挖土、抛于槽边 1m 外，修理槽壁与槽底、拍底。2. 铺设垫层、找平、夯实灰土垫层（包括焖灰、筛灰、筛土）。3. 混凝土搅拌、浇灌、养护。4. 刷素水泥浆。5. 调运砂浆、一次抹光。6. 灌缝、基础回填等。

单位：100m²

定 额 编 号			A4-61	A4-62
项 目 名 称			散水	
			混凝土一次抹光 水泥砂浆	混凝土一次抹光 干混抹灰砂浆
基 价 （元）			6924.90	7040.05
其中	人 工 费 （元）		3444.60	3432.00
	材 料 费 （元）		3377.92	3504.90
	机 械 费 （元）		102.38	103.15
名 称		单位	单价 （元）	数 量
人工	综合用工二类	工日	60.00	57.410	57.200
材料	现浇混凝土(中砂碎石)C15～C40	m³	—	(7.110)	(7.110)
	干混抹灰砂浆 DPM20	t	290.00	—	0.970
	水泥砂浆 1∶1（中砂）	m³	—	(0.510)	—
	普通沥青砂浆 1∶2∶7（中砂）	m³	—	(0.490)	(0.490)
	灰土 3∶7	m³	—	(16.160)	(16.160)
	水泥 32.5 级	t	360.00	2.235	1.849
	中砂	t	30.00	6.700	6.189
	碎石	t	42.00	9.577	9.577
	生石灰	t	290.00	4.008	4.008
	黏土	m³	—	(18.907)	(18.907)
	石油沥青 30 号	t	4900.00	0.120	0.120
	滑石粉	kg	0.50	229.320	229.320
	烟煤	t	750.00	0.094	0.094
	水	m³	5.00	4.665	4.660
	其他材料费	元	1.00	11.277	11.277
机械	滚筒式混凝土搅拌机 500L 以内	台班	151.10	0.440	0.440
	混凝土振捣器（平板式）	台班	18.65	0.370	0.370
	灰浆搅拌机 200L	台班	103.45	0.065	—
	干混砂浆储料罐（带搅拌机）	台班	115.16	—	0.065
	夯实机（电动）夯击能力 20～62N·m	台班	31.33	0.711	0.711

工作内容： 1. 挖土、抛于槽边 1m 外，修理槽壁与槽底、拍底。2. 铺设垫层、找平、夯实灰土垫层（包括焖灰、筛灰、筛土）。3. 混凝土搅拌、浇灌、养护。4. 刷素水泥浆。5. 调运砂浆、一次抹光。6. 灌缝、基础回填等。

单位：100m² 斜面积

定额编号			A4-63	A4-64	A4-65
项目名称			防滑坡道		
			抹水泥浆搓面层	抹干混砂浆面层	抹水泥豆石浆
基价（元）			9868.23	10643.84	16161.04
其中	人工费（元）		5292.00	5203.20	5388.60
	材料费（元）		4426.67	5286.98	10626.75
	机械费（元）		149.56	153.66	145.69
名称	单位	单价（元）	数量		
人工	综合用工二类	工日	60.00	88.200	86.720	89.810
材料	现浇混凝土(中砂碎石)C15～C40	m³	—	(6.060)	(6.060)	(6.400)
	干混抹灰砂浆 DPM20	t	290.00	—	5.270	
	水泥砂浆 1：2(中砂)	m³	—	(2.760)		
	水泥豆石浆 1：2	m³	—			(2.040)
	素水泥浆	m³	—	(0.110)	(0.110)	(0.100)
	普通沥青砂浆 1：2：7(中砂)	m³	—	(0.260)	(0.260)	
	灰土 3：7	m³	—	(30.300)	(30.300)	(31.980)
	水泥 32.5 级	t	360.00	3.262	1.741	3.514
	中砂	t	30.00	9.027	5.009	4.826
	碎石	t	42.00	8.163	8.163	8.621
	豆石	t	56.00	—	—	2.505
	生石灰	t	290.00	7.514	7.514	7.931
	黏土	m³	—	(35.451)	(35.451)	(37.417)
	石油沥青 30 号	t	4900.00	0.063	0.063	
	沥青胶泥嵌缝	kg	10.00	—	—	32.850
	滑石粉	kg	0.50	121.680	121.680	
	烟煤	t	750.00	0.050	0.050	8.060
	水	m³	5.00	8.039	8.060	8.215
	其他材料费	元	1.00	12.401	12.401	—
机械	滚筒式混凝土搅拌机 500L 以内	台班	151.10	0.380	0.380	0.400
	混凝土振捣器(平板式)	台班	18.65	0.760	0.760	0.760
	灰浆搅拌机 200L	台班	103.45	0.350	—	0.260
	干混砂浆储料罐(带搅拌机)	台班	115.16	—	0.350	
	夯实机(电动)夯击能力 20～62N·m	台班	31.33	1.333	1.333	1.410

工作内容： 1. 清理基层面、涂刷处理剂一遍。2. 配料刷胶、铺贴卷材或涂刷防水涂料。3. 撒蛭石粉或刷涂料

单位：100m²

定额编号			A7-46	A7-47	A7-48	A7-49
项目名称			氯丁胶乳沥青涂料		氯化聚乙烯橡胶共混卷材	三元乙丙丁基橡胶卷材防水
			水溶型			
			一布四涂	每增减一布二涂		
基价（元）			2216.92	942.69	6780.51	6262.09
其中	人工费（元）		788.64	335.10	280.20	280.20
	材料费（元）		1428.28	607.59	6500.31	5981.89
	机械费（元）		—	—	—	—
名称		单位	单价（元）	数量		
人工	综合用工二类	工日	60.00	13.144	5.585	4.670	4.670
材料	TG胶素水泥浆	m³	—	—	—	(0.011)	(0.011)
	氯化聚乙烯橡胶共混卷材	m²	29.00			119.480	—
	三元乙丙丁基橡胶卷材	m²	30.00				119.480
	玻璃丝布0.2mm厚	m²	1.10	119.480	119.480	—	—
	氯丁胶乳沥青（水溶型）	kg	6.00	188.480	79.360	19.562	
	稀释剂	kg	8.10	13.888			
	蛭石	m³	65.00	0.516			
	二甲苯	kg	10.50	—	—	29.052	29.052
	BX12胶粘剂	kg	35.00			48.904	
	BX-12乙组分880mL	瓶	9.20			12.847	
	钢筋φ10以内	kg	4.29			4.713	4.713
	铁钉	kg	5.50			0.247	0.247
	CSPE嵌缝油膏330mL	支	3.85			54.101	54.101
	404胶粘剂	kg	20.00				43.470
	丁基胶粘剂	kg	15.00			—	10.287
	聚氨酯甲料	kg	14.60			12.546	17.442
	聚氨酯乙料	kg	14.60			18.830	33.496
	乙酸乙酯	kg	9.50			5.434	5.434
	银色着色剂	kg	1.70			21.735	21.735
	水泥32.5级	t	360.00	—	—	0.017	0.017
	TG胶	kg	2.50			0.176	0.176
	水	m³	5.00	—	—	0.010	0.010
	其他材料费	元	1.00	19.936			

A.7.3.3 刚 性 防 水

工作内容: 清理基层、调运砂浆、抹灰、养护等全部操作过程。

单位:100m²

定 额 编 号				A7-212	A7-213	A7-214	A7-215	A7-216
项 目 名 称				水泥砂浆五层作法		防水砂浆		
				平面	立面	墙基	平面	立面
基 价 (元)				1713.02	1921.10	1619.72	1198.52	1409.57
其中	人 工 费 (元)			978.60	1184.40	811.80	550.20	733.20
	材 料 费 (元)			713.73	716.01	774.82	622.46	649.47
	机 械 费 (元)			20.69	20.69	33.10	25.86	26.90
名 称		单位	单价(元)	数 量				
人工	综合用工二类	工日	60.00	16.310	19.740	13.530	9.170	12.220
材料	水泥砂浆1:2.5(中砂)	m³	—	(1.620)	(1.630)	—	—	—
	防水砂浆(防水粉5%)1:2(中砂)	m³	—	—	—	(2.530)	(2.020)	(2.110)
	素水泥浆	m³	—	(0.610)	(0.610)	—	—	—
	水泥32.5级	t	360.00	1.702	1.707	1.394	1.113	1.163
	中砂	t	30.00	2.597	2.613	3.684	2.941	3.072
	防水粉	kg	2.00	—	—	69.830	55.750	58.240
	水	m³	5.00	4.620	4.620	4.560	4.410	4.430
机械	灰浆搅拌机200L	台班	103.45	0.200	0.200	0.320	0.250	0.260

工作内容： 1. 熬制油膏、沥青，拌合砂浆，嵌缝。2. 清理、用乙酸乙酯洗缝、隔纸，用氯丁胶粘贴氯丁橡胶片，涂胶铺砂。3. 清缝、水泥砂浆勾缝、垫牛皮纸、熬灌聚氯乙烯胶泥。

单位：100m

定 额 编 号			A7-233	A7-234	A7-235	A7-236
项 目 名 称			建筑油膏	沥青砂浆	氯丁橡胶片止水带	聚氯乙烯胶泥
基 价（元）			598.41	1152.30	1798.53	707.99
其中	人 工 费（元）		327.60	387.60	211.20	445.20
	材 料 费（元）		270.81	764.70	1587.33	262.79
	机 械 费（元）		—	—	—	—

	名 称	单位	单价（元）	数 量			
人工	综合用工二类	工日	60.00	5.460	6.460	3.520	7.420
材料	水泥砂浆1:2（中砂）	m³	—	—	—	—	(0.060)
	普通沥青砂浆1:2:7（中砂）	m³	—	—	(0.480)	—	—
	水泥32.5级	t	360.00	—	—	0.009	0.033
	中砂	t	30.00	—	0.811	—	0.087
	粒砂	t	38.00	—	—	0.240	—
	防水油膏	kg	3.00	87.770	—	—	—
	氯丁橡胶片2mm厚	m²	4.50	—	—	31.820	—
	乙酸乙酯	kg	9.50	—	—	23.000	—
	氯丁橡胶浆	kg	18.50	—	—	60.580	—
	三异氰酸酯	kg	10.00	—	—	9.090	—
	聚氯乙烯胶泥	kg	2.80	—	—	—	83.320
	石油沥青30号	t	4900.00	—	0.117	—	—
	滑石粉	kg	0.50	—	224.640	—	—
	牛皮纸	m²	0.28	—	—	5.910	53.230
	烟煤	t	750.00	0.010	0.073	—	—
	水	m³	5.00	—	—	—	0.020

A.11.1 建 筑 物 脚 手 架
A.11.1.1 外 墙 脚 手 架

工作内容： 材料场内外运输、挖坑、安底座，搭拆脚手架、上料平台、挡脚板、护身栏杆，铺翻板子、拉缆风绳、拆除后的材料堆放整理。

单位：100m²

定 额 编 号			A11-1	A11-2	A11-3	A11-4	A11-5	A11-6
项 目 名 称			外墙高度在（m以内）					
			5		9		15	
			单排	双排	单排	双排	单排	双排
基 价（元）			791.16	1142.61	948.46	1488.78	1117.41	1740.29
其中	人 工 费（元）		184.80	253.20	327.60	422.40	352.80	457.80
	材 料 费（元）		539.71	794.20	558.97	966.41	717.01	1201.56
	机 械 费（元）		66.65	95.21	61.89	99.97	47.60	80.93
名 称	单位	单价（元）	数 量					
人工	综合用工二类	工日	60.00	3.080	4.220	5.460	7.040	5.880	7.630
材料	钢管 φ48.3×3.6	百米·天	1.60	116.077	175.801	159.682	269.559	196.340	332.068
	直角扣件≥1.1kg/套	百套·天	1.00	129.920	200.002	178.080	304.694	215.450	377.777
	对接扣件≥1.25kg/套	百套·天	1.00	11.424	23.878	12.566	35.822	25.520	45.104
	旋转扣件≥1.25kg/套	百套·天	1.00	2.785	2.071	3.060	3.101	3.830	3.907
	底座	百套·天	1.50	7.030	9.524	4.293	7.929	3.283	9.918
	木材	m³	1800.00	0.009	0.018	0.006	0.015	0.005	0.019
	镀锌钢丝8号	kg	5.00	11.180	11.390	2.550	2.940	4.360	4.980
	木脚手板	m³	2200.00	0.055	0.064	0.035	0.052	0.054	0.069
	铁钉	kg	5.50	1.130	1.150	0.320	0.430	0.430	0.580
	钢丝绳 φ8	kg	7.86	—	—	0.130	0.130	0.150	0.150
	其他材料费	元	1.00	—	36.204	—	20.118	—	13.314
机械	载货汽车 5t	台班	476.04	0.140	0.200	0.130	0.210	0.100	0.170

A.12.1 现浇混凝土模板
A.12.1.1 组合式钢模板
A.12.1.1.1 基　础

工作内容：1. 模板选配、刷隔离剂、安装、拆除、清理、堆放。2. 模板支撑系统的安装、拆除、清理、堆放。3. 模板及支撑系统的场内外水平运输。

单位：100m²

定　额　编　号			A12-1	A12-2	A12-3	A12-4
项　目　名　称			带形基础			
			毛石混凝土	无筋混凝土	钢筋混凝土（有梁式）	钢筋混凝土（无梁式）
基　价（元）			3395.43	3410.88	3892.69	3829.23
其中	人　工　费（元）		1388.40	1381.20	1443.60	1617.00
	材　料　费（元）		1824.76	1842.65	2192.93	1853.31
	机　械　费（元）		182.27	187.03	256.16	358.92
名　称	单位	单价（元）	数　量			
人工	综合用工二类	工日	60.00	23.140	23.020	24.060	26.950
材料	水泥砂浆1:2（中砂）	m³	—	(0.012)	(0.012)	(0.012)	(0.012)
	水泥32.5级	t	360.00	0.007	0.007	0.007	0.007
	中砂	t	30.00	0.017	0.017	0.017	0.017
	组合钢模板	t·天	11.00	25.352	25.420	29.532	28.928
	零星卡具	t·天	11.00	4.866	4.749	5.918	1.827
	支撑钢管 φ48.3×3.6	百米·天	1.60	67.872	67.872	101.561	67.872
	直角扣件≥1.1kg/套	百套·天	1.00	15.096	15.096	26.445	15.096
	对接扣件≥1.25kg/套	百套·天	1.00	3.264	3.264	5.718	3.264
	旋转扣件≥1.25kg/套	百套·天	1.00	2.040	2.040	3.574	2.040
	木模板	m³	2300.00	0.145	0.144	0.014	0.273
	支撑方木	m³	2300.00	0.185	0.239	0.423	0.240
	钢钉	kg	5.50	9.610	9.720	4.200	24.310
	镀锌钢丝8号	kg	5.00	36.000	26.220	66.090	—
	铁件	kg	7.00	31.130	24.390	14.870	—
	尼龙帽	个	0.80	139.000	129.000	87.000	—
	隔离剂	kg	0.98	10.000	10.000	10.000	10.000
	镀锌钢丝22号	kg	6.70	0.180	0.180	0.180	0.180
	水	m³	5.00	0.004	0.004	0.004	0.004
	其他材料费	元	1.00	28.350	28.350	58.350	58.350
机械	载货汽车5t	台班	476.04	0.250	0.260	0.350	0.510
	汽车式起重机5t	台班	519.40	0.120	0.120	0.170	0.220
	木工圆锯机 φ500	台班	31.19	0.030	0.030	0.040	0.060

A.12.1.1.3 梁

工作内容： 1. 模板选配、刷隔离剂、安装、拆除、清理、堆放。2. 模板支撑及操作系统的安装、拆除、清理、堆放。3. 模板、模板支撑及操作系统的场内外水平运输。

单位：100m²

	定 额 编 号				A12-20	A12-21	A12-22
	项 目 名 称				基础梁	单梁 连续梁	圈梁 （直形）
	基 价（元）				3755.72	5398.45	3469.33
其中	人 工 费（元）				1720.80	2334.00	1830.00
	材 料 费（元）				1867.05	2802.23	1526.06
	机 械 费（元）				167.87	262.22	113.27
	名 称	单位	单价 （元）		数 量		
人工	综合用工二类	工日	60.00		28.680	38.900	30.500
材料	水泥砂浆 1:2（中砂）	m³	—		(0.012)	(0.012)	(0.003)
	水泥 32.5 级	t	360.00		0.007	0.007	0.002
	中砂	t	30.00		0.017	0.017	0.004
	组合钢模板	t·天	11.00		61.336	108.276	61.200
	零星卡具	t·天	11.00		10.182	23.016	
	支撑钢管 φ48.3×3.6	百米·天	1.60		—	293.084	
	直角扣件≥1.1kg/套	百套·天	1.00		—	221.002	
	对接扣件≥1.25kg/套	百套·天	1.00		—	42.095	
	支撑方木	m³	2300.00		0.281	0.029	0.109
	木脚手板	m³	2200.00		—	0.081	
	木模板	m³	2300.00		0.043	0.017	0.014
	梁卡具	t·天	11.00		5.488	14.666	—
	钢钉	kg	5.50		21.920	0.470	32.970
	镀锌钢丝 8 号	kg	5.00		17.220	16.070	64.540
	隔离剂	kg	0.98		10.000	10.000	10.000
	尼龙帽	个	0.80		—	37.000	
	镀锌钢丝 22 号	kg	6.70		0.180	0.180	0.180
	水	m³	5.00		0.004	0.004	0.001
	其他材料费	元	1.00		54.070	54.070	54.070
机械	载货汽车 5t	台班	476.04		0.230	0.330	0.150
	汽车式起重机 5t	台班	519.40		0.110	0.200	0.080
	木工圆锯机 φ500	台班	31.19		0.040	0.040	0.010

工作内容： 1. 模板选配、刷隔离剂、安装、拆除、清理、堆放。2. 模板支撑及操作系统的安装、拆除、清理、堆放。3. 模板、模板支撑及操作系统的场内外水平运输。

单位：100m²

定　额　编　号				A12-23	A12-24	A12-25
项　目　名　称				过梁	斜梁（坡度30°以内）	梁支撑高度超过3.6m每超过1m
基　　价（元）				6713.02	5627.67	545.30
其中	人　工　费（元）			2972.40	2556.00	322.80
	材　料　费（元）			3531.85	2809.45	183.12
	机　械　费（元）			208.77	262.22	39.38
名　　称		单位	单价（元）	数　　量		
人工	综合用工二类	工日	60.00	49.540	42.600	5.380
材料	水泥砂浆 1∶2（中砂）	m³	—	(0.012)	(0.012)	—
	水泥 32.5级	t	360.00	0.007	0.007	—
	中砂	t	30.00	0.017	0.017	—
	组合钢模板	t·天	11.00	59.040	108.276	—
	零星卡具	t·天	11.00	3.846	23.244	—
	梁卡具	t·天	11.00	—	14.666	—
	支撑钢管 φ48.3×3.6	百米·天	1.60	—	293.084	72.720
	直角扣件≥1.1kg/套	百套·天	1.00	—	221.003	56.081
	对接扣件≥1.25kg/套	百套·天	1.00	—	42.095	10.682
	木模板	m³	2300.00	0.193	0.018	—
	支撑方木	m³	2300.00	0.835	0.030	—
	木脚手板	m³	2200.00	—	0.081	—
	钢钉	kg	5.50	63.160	0.490	—
	镀锌钢丝 8 号	kg	5.00	12.040	16.070	—
	隔离剂	kg	0.98	10.000	10.000	—
	镀锌钢丝 22 号	kg	6.70	0.180	0.180	—
	尼龙帽	个	0.80	—	37.000	—
	水	m³	5.00	0.004	0.004	—
	其他材料费	元	1.00	54.070	54.070	—
机械	载货汽车 5t	台班	476.04	0.310	0.330	0.050
	汽车式起重机 5t	台班	519.40	0.080	0.200	0.030
	木工圆锯机 φ500	台班	31.19	0.630	0.040	—

A.12.1.1.5 板

工作内容：1. 模板选配、刷隔离剂、安装、拆除、清理、堆放。2. 模板支撑系统的安装、拆除、清理、堆放。3. 模板及支撑系统的场内外水平运输。

单位：100m²

定 额 编 号			A12-29	A12-30	A12-31	A12-32
项 目 名 称			无梁板 400mm 内	无梁板 1500mm 内	无梁板 2100mm 内	平板
基 价（元）			4970.79	8749.50	10194.10	4612.40
其中	人 工 费（元）		1636.20	2454.30	2781.54	1561.80
	材 料 费（元）		3101.31	6061.92	7179.28	2782.06
	机 械 费（元）		233.28	233.28	233.28	268.54

	名 称	单位	单价（元）	数 量			
人工	综合用工二类	工日	60.00	27.270	40.905	46.359	26.030
材料	水泥砂浆 1：2（中砂）	m³	—	(0.003)	(0.003)	(0.003)	(0.003)
	水泥 32.5 级	t	360.00	0.002	0.002	0.002	0.002
	中砂	t	30.00	0.004	0.004	0.004	0.004
	组合钢模板	t·天	11.00	79.394	79.394	79.394	95.592
	零星卡具	t·天	11.00	14.610	14.610	14.610	15.490
	支撑钢管（碗扣式）φ48×3.5	百米·天	3.00	282.172	971.576	1303.394	282.172
	木模板	m³	2300.00	0.182	0.182	0.182	0.051
	支撑方木	m³	2300.00	0.303	0.691	0.744	0.231
	钢钉	kg	5.50	9.100	9.100	9.100	1.790
	隔离剂	kg	0.98	10.000	10.000	10.000	10.000
	镀锌钢丝 22 号	kg	6.70	0.180	0.180	0.180	0.180
	水	m³	5.00	0.001	0.001	0.001	0.001
	其他材料费	元	1.00	43.350	43.350	43.350	43.350
机械	载货汽车 5t	台班	476.04	0.310	0.310	0.310	0.340
	汽车式起重机 5t	台班	519.40	0.150	0.150	0.150	0.200
	木工圆锯机 φ500	台班	31.19	0.250	0.250	0.250	0.090

工作内容：混凝土搅拌、浇筑、捣固、养护等全部操作过程。

单位：10m³

定　额　编　号			B1-24	B1-25	B1-26
项　目　名　称			混凝土	预拌混凝土	陶粒混凝土
基　　价（元）			2624.85	2812.36	3484.09
其中	人　工　费（元）		772.80	418.80	543.60
	材　料　费（元）		1779.32	2379.76	2867.76
	机　械　费（元）		72.73	13.80	72.73
名　　称		单位	单价（元）	数　　量	
人工	综合用工二类	工日	60.00	12.880	6.980	9.060
材料	现浇混凝土(中砂碎石)C15～C40	m³	—	(10.100)		
	预拌混凝土 C15	m³	230.00		10.332	
	陶粒混凝土 C15	m³	—			(10.200)
	水泥 32.5 级	t	360.00	2.626	—	3.142
	中砂	t	30.00	7.615	—	7.069
	碎石	t	42.00	13.605	—	—
	陶粒	m³	170.00	—	—	8.731
	水	m³	5.00	6.820	0.680	8.060
机械	混凝土振捣器（平板式）	台班	18.65	0.740	0.740	0.740
	滚筒式混凝土搅拌机 500L 以内	台班	151.10	0.390	—	0.390

B.1.2 找 平 层

工作内容：清理基层、调运砂浆、刷素水泥浆、抹平、压实等全部操作过程。

单位：100m²

定 额 编 号			B1-27	B1-28	B1-29	B1-30
项 目 名 称			水泥砂浆			
			在硬基层上		在填充材料上	每增减 5mm
			平面	立面	平面	
			20mm			
基 价（元）			936.71	1089.92	1000.50	188.78
其中	人 工 费（元）		459.60	612.60	471.00	82.80
	材 料 费（元）		451.25	451.46	496.40	99.77
	机 械 费（元）		25.86	25.86	33.10	6.21
名 称	单位	单价（元）	数 量			
人工 综合用工二类	工日	60.00	7.660	10.210	7.850	1.380
材料 水泥砂浆1：3（中砂）	m³	—	(2.020)	(2.020)	(2.530)	(0.510)
素水泥浆	m³	—	(0.100)	(0.100)	—	—
水泥 32.5级	t	360.00	0.966	0.966	1.022	0.206
中砂	t	30.00	3.238	3.238	4.056	0.818
水	m³	5.00	1.270	1.311	1.359	0.213
机械 灰浆搅拌机 200L	台班	103.45	0.250	0.250	0.320	0.060

B.1.3 整 体 面 层
B.1.3.1 水 泥 砂 浆

工作内容： 1. 清理基层、调运砂浆、刷素水泥浆、抹面、压光、养护。2. 清理基层、调运砂浆、抹面、搓毛、养护等全部操作过程。

单位：100m²

定 额 编 号			B1-38	B1-39	B1-40	B1-41
项 目 名 称			楼地面		加浆抹光随打随抹	加浆搓毛
			20mm	每增减5mm		
基 价（元）			1432.75	193.71	600.39	576.99
其中	人 工 费（元）		830.40	63.00	427.20	403.80
	材 料 费（元）		576.49	124.50	166.98	166.98
	机 械 费（元）		25.86	6.21	6.21	6.21
名 称	单位	单价（元）	数 量			
人工	综合用工二类	工日	60.00	13.840	1.050	7.120	6.730
材料	水泥砂浆1:1（中砂）	m³	—	—	—	(0.510)	(0.510)
	水泥砂浆1:2（中砂）	m³	—	(2.020)	(0.510)	—	—
	素水泥浆	m³	—	—	(0.100)	—	—
	水泥32.5级	t	360.00	1.263	0.281	0.387	0.387
	中砂	t	30.00	2.941	0.743	0.511	0.511
	水	m³	5.00	4.461	0.210	0.210	0.210
	其他材料费	元	1.00	11.277	—	11.277	11.277
机械	灰浆搅拌机200L	台班	103.45	0.250	0.060	0.060	0.060

B.1.4.3 陶瓷地砖、玻璃地砖

工作内容：清理基层、调运水泥砂浆及刷素水泥浆、试排弹线、锯板修边、铺贴饰面、擦缝、清理净面。

单位：100m²

定 额 编 号				B1-99	B1-100	B1-101	B1-102
项 目 名 称				陶瓷地砖楼地面（水泥砂浆）			
				每块周长（mm 以内）			
				800	1200	1600	2000
基 价（元）				6781.18	6628.98	6586.68	6929.18
其中	人 工 费（元）			2219.70	1963.50	1817.20	1743.70
	材 料 费（元）			4471.14	4575.14	4679.14	5095.14
	机 械 费（元）			90.34	90.34	90.34	90.34
名 称		单位	单价（元）	数 量			
人工	综合用工一类	工日	70.00	31.710	28.050	25.960	24.910
材料	水泥砂浆 1∶4（中砂）	m³	—	(2.020)	(2.020)	(2.020)	(2.020)
	素水泥浆	m³	—	(0.100)	(0.100)	(0.100)	(0.100)
	水泥 32.5 级	t	360.00	0.762	0.762	0.762	0.762
	中砂	t	30.00	3.238	3.238	3.238	3.238
	白水泥	kg	0.66	10.300	10.300	10.300	10.300
	陶瓷地面砖 200×200	m²	39.00	104.000	—	—	—
	陶瓷地面砖 300×300	m²	40.00	—	104.000	—	—
	陶瓷地面砖 400×400	m²	41.00	—	—	104.000	—
	陶瓷地面砖 500×500	m²	45.00	—	—	—	104.000
	棉纱头	kg	5.83	1.000	1.000	1.000	1.000
	锯屑	m³	14.50	0.600	0.600	0.600	0.600
	石料切割锯片	片	18.89	0.320	0.320	0.320	0.320
	水	m³	5.00	3.261	3.261	3.261	3.261
机械	灰浆搅拌机 200L	台班	103.45	0.250	0.250	0.250	0.250
	石料切割机	台班	42.70	1.510	1.510	1.510	1.510

B.1.7.4 块料踢脚线

工作内容：清理基层、调运水泥砂浆或胶粘剂及刷素水泥浆、试排弹线、锯板修边、铺贴饰面、擦缝、清理净面。

单位：100m²

定 额 编 号			B1-220	B1-221	B1-222	B1-223
项 目 名 称			陶瓷地砖踢脚线		缸砖踢脚线	
			水泥砂浆	干粉型粘结剂	水泥砂浆	干粉型粘结剂
基 价（元）			6323.22	6897.18	7495.96	8276.04
其中	人 工 费（元）		3124.10	3411.80	4536.00	4792.20
	材 料 费（元）		3116.35	3431.58	2863.31	3402.71
	机 械 费（元）		82.77	53.80	96.65	81.13
名 称	单位	单价（元）	数 量			
人工	综合用工一类	工日	70.00	44.630	48.740	64.800	68.460
材料	水泥砂浆1:1（中砂）	m³	—	(0.333)	—	—	—
	水泥砂浆1:1（中砂）	m³	—	(1.887)	—	(1.210)	—
	素水泥浆	m³	—	—	—	(0.100)	—
	陶瓷地砖踢脚线	m²	25.00	102.000	102.000	—	—
	缸砖	m²	24.00	—	—	105.000	105.000
	水泥32.5级	t	360.00	1.014	—	0.650	0.022
	中砂	t	30.00	3.359	—	1.940	—
	白水泥	kg	0.66	14.000	28.000	—	—
	石料切割锯片	片	18.89	0.320	0.320	0.400	0.400
	锯屑	m³	14.50	0.600	0.600	0.900	0.900
	TC胶	kg	2.50	20.000	—	—	—
	棉纱头	kg	5.83	1.000	1.000	2.000	2.000
	干粉型胶粘剂	kg	2.00	—	420.000	—	420.000
	水	m³	5.00	4.146	0.505	3.768	0.505
机械	灰浆搅拌机200L	台班	103.45	0.280	—	0.150	—
	石料切割机	台班	42.70	1.260	1.260	1.900	1.900

B.2.1.1.3 混 合 砂 浆

工作内容：清理、修补、湿润基层表面、调运砂浆、分层抹灰找平、罩面压光（包括门窗洞口侧壁及护角抹灰、堵墙眼）、清扫落地灰、清理等全部操作过程。

单位：100m²

定 额 编 号			B2-18	B2-19	B2-20	B2-21	B2-22
项 目 名 称			墙面				
			毛石	标准砖	混凝土	轻质砌块	轻质砌块（TC胶砂浆）
基 价（元）			2273.29	1733.84	1735.30	1806.00	1631.24
其中	人 工 费（元）		1588.30	1283.10	1302.70	1373.40	1212.40
	材 料 费（元）		635.33	415.57	402.60	402.60	395.05
	机 械 费（元）		49.66	35.17	30.00	30.00	23.79
名 称	单位	单价（元）	数 量				
人工	综合用工一类	工日	70.00	22.690	18.330	18.610	19.620	17.320
材料	水泥砂浆1:2(中砂)	m³	—	(0.053)	(0.035)	(0.035)	(0.035)	(0.028)
	水泥石灰砂浆1:0.3:2.5(中砂)	m³	—	—	—	—	—	(0.569)
	水泥石灰砂浆1:0.5:3(中砂)	m³	—	—	(0.570)	(0.569)	(0.569)	—
	水泥石灰砂浆1:1:5(中砂)	m³	—	(1.138)	—	—	—	—
	水泥石灰砂浆1:1:6(中砂)	m³	—	(2.612)	(1.787)	(1.709)	(1.709)	(0.684)
	水泥TC胶砂浆1:6:0.2(中砂)	m³	—	—	—	—	—	(0.569)
	水泥32.5级	t	360.00	0.832	0.589	0.573	0.573	0.515
	生石灰	t	290.00	0.474	0.275	0.265	0.265	0.125
	中砂	t	30.00	6.088	3.746	3.619	3.619	2.850
	TC胶	kg	2.50	—	—	—	—	31.921
	水	m³	5.00	3.141	2.280	2.180	2.180	1.619
机械	灰浆搅拌机200L	台班	103.45	0.480	0.340	0.290	0.290	0.230

工作内容：1. 清理修补基层表面、湿润基层、调运砂浆、打底抹灰、砂浆找平。2. 选料、抹结合层砂浆、贴面砖、擦缝、清洁表面。

单位：100m²

定 额 编 号			B2-153	B2-154	B2-155
项 目 名 称			水泥砂浆粘贴		
			周长 600mm 以内		
			5mm 缝	10mm 缝	20mm 缝
基 价（元）			7578.55	7468.48	7126.65
其中	人 工 费（元）		3556.00	3549.70	3530.80
	材 料 费（元）		3940.95	3836.14	3511.14
	机 械 费（元）		81.60	82.64	84.71
名 称	单位	单价（元）	数 量		
人工	综合用工一类	工日	70.00	50.800	50.710	50.440

	名 称	单位	单价（元）	数 量		
人工	综合用工一类	工日	70.00	50.800	50.710	50.440
材料	水泥砂浆 1∶1（中砂）	m³	—	(0.706)	(0.776)	(0.966)
	水泥砂浆 1∶3（中砂）	m³	—	(1.746)	(1.746)	(1.746)
	素水泥浆	m³	—	(0.101)	(0.101)	(0.101)
	水泥 32.5 级	t	360.00	1.392	1.445	1.589
	中砂	t	30.00	3.506	3.576	3.767
	面砖 240×60	m²	32.50	93.650	89.770	77.990
	建筑胶	kg	7.50	35.030	35.030	35.030
	棉纱头	kg	5.83	1.000	1.000	1.000
	石料切割锯片	片	18.89	0.750	0.750	0.750
	水	m³	5.00	1.661	1.682	1.739
机械	灰浆搅拌机 200L	台班	103.45	0.310	0.320	0.340
	石料切割机	台班	42.70	1.160	1.160	1.160

B.2.6.2.3 外 墙 面 砖

工作内容：1. 清理修补基层表面、打底抹灰、砂浆找平。2. 选料、抹结合层砂浆（刷胶粘剂）、贴面砖、擦缝、清洁表面。

定 额 编 号				B2-252	B2-253	B2-254
项 目 名 称				零星项目		瓷、面砖 割角 45°
				外墙面砖		
				水泥砂浆粘贴	干粉型 粘结剂粘贴	
				100m²		100m
基 价 （元）				10362.13	11404.20	320.16
其中	人 工 费 （元）			5887.70	6597.50	103.60
	材 料 费 （元）			4381.41	4720.93	72.74
	机 械 费 （元）			93.02	85.77	143.82
名 称		单位	单价 （元）	数 量		
人工	综合用工一类	工日	70.00	84.110	94.250	1.480
材料	水泥砂浆 1:1（中砂）	m³	—	(0.599)	—	—
	水泥砂浆 1:3（中砂）	m³	—	(1.676)	(1.676)	—
	素水泥浆	m³	—	(0.101)	—	—
	水泥 32.5 级	t	360.00	1.283	0.677	—
	白水泥	kg	0.66	21.000	21.000	—
	中砂	t	30.00	3.287	2.687	—
	面砖 240×60	m²	32.50	108.000	108.000	—
	干粉型粘结剂	kg	2.00	—	421.000	—
	建筑胶	kg	7.50	35.220	—	—
	石料切割锯片	片	18.89	1.000	1.000	2.130
	磨边锯片	片	15.00	—	—	2.100
	棉纱头	kg	5.83	1.000	1.000	—
	水	m³	5.00	1.638	1.203	0.200
机械	灰浆搅拌机 200L	台班	103.45	0.280	0.210	—
	石料切割机	台班	42.70	1.500	1.500	1.390
	磨边机	台班	60.77	—	—	1.390

B.3.1.3 混 合 砂 浆

工作内容： 1. 清理、修补、湿润基层表面、调运砂浆、分层抹灰找平、罩面压光（包括顶棚小圆角抹灰）、清扫落地灰、清理等全部操作过程。2. 清理、湿润预制板缝、调运砂浆、清扫落地灰、缝内抹灰压实。3. 清扫修补基层、调制碱液、涂刷、清理。

单位：100m²

定 额 编 号			B3-7	B3-8	B3-9	B3-10
项 目 名 称			混凝土	钢板（丝）网	预制混凝土板下	
					钩缝	火碱清洗
基 价（元）			1645.34	1696.12	281.05	110.90
其中	人 工 费（元）		1306.20	1210.30	267.40	77.70
	材 料 费（元）		318.45	453.75	12.62	33.20
	机 械 费（元）		20.69	32.07	1.03	—
名 称	单位	单价（元）	数 量			
人工 综合用工一类	工日	70.00	18.660	17.290	3.820	1.110
材料 水泥石灰砂浆1:0.5:3（中砂）	m³	—	（0.561）	—	—	—
水泥石灰砂浆1:0.5:5（中砂）	m³	—	—	（0.793）	—	—
水泥石灰砂浆1:1:4（中砂）	m³	—	（1.017）	（1.684）	（0.064）	—
水泥32.5级	t	360.00	0.486	0.655	0.018	—
生石灰	t	290.00	0.225	0.331	0.010	—
中砂	t	30.00	2.298	3.723	0.093	—
火碱	kg	3.30	—	—	—	9.910
水	m³	5.00	1.859	2.054	0.089	0.100
机械 灰浆搅拌机200L	台班	103.45	0.200	0.310	0.010	—

B.4.2.2 成品金属门安装
B.4.2.2.1 铝合金门安装

工作内容： 现场搬运、安装框扇、校正、安装玻璃及五金配件，周边塞口、清扫等。

单位：100m²

	定 额 编 号			B4-118	B4-119	B4-120
	项 目 名 称			地弹门	平开门	推拉门
	基 价（元）			39987.77	25544.86	23682.59
其中		人 工 费（元）		2839.20	2817.00	2890.20
		材 料 费（元）		36969.50	22629.19	20702.49
		机 械 费（元）		179.07	98.67	89.90

	名　称	单位	单价（元）	数　量		
人工	综合用工二类	工日	60.00	47.320	46.950	48.170
材料	铝合金地弹门（含玻璃）	m²	360.00	96.000	—	—
	铝合金平开门（含玻璃）	m²	220.00	—	95.000	—
	铝合金推拉门（含玻璃）	m²	200.00	—	—	96.000
	合金钢钻头 ϕ10	个	8.50	4.167	2.290	2.093
	膨胀螺栓 ϕ8	个	0.85	850.000	468.000	427.000
	密封胶	支	10.00	93.710	62.794	50.897
	玻璃胶 300mL	支	10.00	50.167	53.667	49.000
	聚氨酯发泡胶 750mL	支	21.50	7.029	4.715	3.818
	其他材料费	元	1.00	61.688	45.938	40.688
机械	电锤（功率 520W）	台班	17.19	10.417	5.740	5.230

B.4.5.6 塑 钢 窗 安 装

工作内容： 1. 校正框扇、安装窗、裁安玻璃、装配五金配件、周边塞缝等全部操作过程。2. 定位、打孔、安装纱扇及配件。

单位：100m²

定 额 编 号			B4-255	B4-256	B4-257	B4-258	B4-259
项 目 名 称			塑钢窗				
			单层			带纱扇	
			推拉	固定	平开	推拉	平开
基 价 （元）			18998.52	23780.72	22781.72	20781.12	24610.12
其中	人 工 费 （元）		2234.40	1791.60	2217.60	2592.00	3096.00
	材 料 费 （元）		16633.73	21858.73	20433.73	18058.73	21383.73
	机 械 费 （元）		130.39	130.39	130.39	130.39	130.39
名 称	单位	单价（元）	数 量				
人工	综合用工二类	工日	60.00	37.240	29.860	36.960	43.200	51.600
材料	推拉单层塑钢窗（含玻璃）	m²	160.00	95.000	—	—	—	—
	固定单层塑钢窗（含玻璃）	m²	215.00	—	95.000	—	—	—
	平开单层塑钢窗（含玻璃）	m²	200.00	—	—	95.000	—	—
	推拉单层塑钢窗（含玻璃纱窗）	m²	175.00	—	—	—	95.000	—
	平开塑钢窗（含玻璃纱窗）	m²	210.00	—	—	—	—	95.000
	螺钉	百个	3.90	6.530	6.530	6.530	6.530	6.530
	膨胀螺栓 $\phi 8$	个	0.85	618.900	618.900	618.900	618.900	618.900
	合金钢钻头 $\phi 10$	个	8.50	3.034	3.034	3.034	3.034	3.034
	密封胶	支	10.00	73.749	73.749	73.749	73.749	73.749
	聚氨酯发泡胶 750mL	支	21.50	5.531	5.531	5.531	5.531	5.531
机械	电锤（功率 520W）	台班	17.19	7.585	7.585	7.585	7.585	7.585

B.5.4.2 乳 胶 漆

工作内容：清扫、磨砂纸、找补腻子、刷乳胶漆等。

单位：100m²

定 额 编 号				B5-296	B5-297	B5-298
项 目 名 称				乳 胶 漆		
				二遍	每增减一遍	墙面滚花
基 价（元）				780.80	359.78	577.86
其中	人 工 费（元）			560.98	246.40	525.98
	材 料 费（元）			219.82	113.38	51.88
	机 械 费（元）			—	—	—
名 称		单位	单价（元）	数 量		
人工	综合用工一类	工日	70.00	8.014	3.520	7.514
材料	乳胶漆	kg	7.60	28.350	14.910	6.300
	砂纸	张	0.50	1.000	—	1.000
	白布 0.9m	m	2.00	0.180	0.030	—
	成品腻子粉	kg	0.70	5.000	—	5.000

工作内容：1. 清扫、找补腻子、磨砂纸、刷乳胶漆。2. 清扫、配浆、磨砂纸、刷乳胶漆等。

单位：100m²

定 额 编 号				B5-299	B5-300	B5-301	B5-302
项 目 名 称				乳胶漆二遍			
				拉托面	砖墙面	混凝土花格窗、栏杆、花饰	阳台、雨篷、窗间墙、隔板等小面积
基 价（元）				797.72	585.06	1251.96	604.13
其中	人 工 费（元）			366.80	219.80	659.40	263.90
	材 料 费（元）			430.92	365.26	592.56	340.23
	机 械 费（元）			—	—	—	—
名 称		单位	单价（元）	数 量			
人工	综合用工一类	工日	70.00	5.240	3.140	9.420	3.770
材料	乳胶漆	kg	7.60	56.700	48.060	77.410	44.230
	砂纸	张	0.50	—	—	1.000	1.000
	白布 0.9m	m	2.00	—	—	0.120	0.040
	成品腻子粉	kg	0.70	—	—	5.000	5.000

B.7.1 外墙面装饰脚手架

工作内容: 选料、安底座、搭拆脚手架,铺翻板子、拆除后的材料堆放整理、场内外材料搬运等全部操作过程。

单位:100m²

定 额 编 号				B7-1	B7-2	B7-3	B7-4
项 目 名 称				外墙高度(m 以内)			
				5	9	15	24
基 价(元)				838.92	1112.84	1368.96	1785.85
其中	人 工 费(元)			261.00	438.00	478.80	510.60
	材 料 费(元)			558.88	651.04	861.60	1240.98
	机 械 费(元)			19.04	23.80	28.56	34.27
名 称		单位	单价(元)	数 量			
人工	综合用工二类	工日	60.00	4.350	7.300	7.980	8.510
材料	钢管 φ48.3×3.6	百米·天	1.60	115.473	173.215	230.950	346.420
	直角扣件≥1.1kg/套	百套·天	1.00	131.957	197.931	263.910	395.864
	对接扣件≥1.25kg/套	百套·天	1.00	15.922	23.878	31.840	47.759
	旋转扣件≥1.25kg/套	百套·天	1.00	1.377	2.071	2.758	4.139
	底座	百套·天	1.50	6.343	5.292	4.670	4.045
	木垫板(木方)	m³	2250.00	0.004	0.004	0.002	0.001
	镀锌钢丝	kg	5.20	11.390	2.940	4.980	5.320
	木脚手板	m³	2200.00	0.064	0.052	0.069	0.090
	钢钉	kg	5.50	1.150	0.430	0.580	0.660
	钢丝绳 φ8	kg	7.86	—	0.130	0.150	0.170
机械	载货汽车 5t	台班	476.04	0.040	0.050	0.060	0.072

B.7.2 满堂脚手架、简易脚手架

工作内容：选料、安底座、搭拆脚手架，铺翻板子、拆除后的材料堆放整理、场内外材料搬运等全部操作过程。

单位：100m²

定　额　编　号			B7-15	B7-16	B7-17	B7-18	B7-19
项　目　名　称			满堂脚手架				
			高度在（m以内）				
			5.2	10	18	26	38
基　　价（元）			1029.11	2343.29	5103.88	8751.73	14211.70
其中	人　工　费（元）		589.20	1604.40	3634.80	5665.20	9049.20
	材　料　费（元）		416.11	691.29	1392.91	2981.80	5010.17
	机　械　费（元）		23.80	47.60	76.17	104.73	152.33
名　　称	单位	单价（元）	数　　量				
人工	综合用工二类	工日	60.00	9.820	26.740	60.580	94.420	150.820
材料	钢管 φ48.3×3.6	百米·天	1.60	102.798	252.157	606.303	1207.354	2288.801
	直角扣件≥1.1kg/套	百套·天	1.00	68.207	173.196	280.296	868.091	1157.343
	底座	百套·天	1.50	1.404	9.817	12.272	13.615	13.615
	镀锌钢丝	kg	5.20	0.600	0.600	0.600	0.600	0.600
	木脚手板	m³	2200.00	0.081	0.044	0.055	0.072	0.076
机械	载货汽车5t	台班	476.04	0.050	0.100	0.160	0.220	0.320

工作内容：1. 移动、场内外搬运等全部操作过程。2. 安装悬挂机构、工作平台、提升机、安全锁、控制系统等全部操作过程。

单位：100m²

定　额　编　号			B7-20	B7-21
项　目　名　称			简易脚手架	
			天棚	墙面
基　　价（元）			119.92	36.09
其中	人　工　费（元）		54.60	19.20
	材　料　费（元）		55.80	12.13
	机　械　费（元）		9.52	4.76
名　　称	单位	单价（元）	数　　量	
人工	综合用工二类	工日	60.00	0.910	0.320
材料	木脚手板	m³	2200.00	0.023	0.005
	其他材料费	元	1.00	5.198	1.134
机械	载货汽车5t	台班	476.04	0.020	0.010

B.7.3　内墙面装饰装手架

工作内容：选料、安底座、搭拆脚手架，铺翻板子、拆除后的材料堆放整理、场内外材料搬运等全部操作过程。

单位：100m²

定　额　编　号			B7-22	B7-23	B7-24
项　目　名　称			高度在（m以内）		
			6	10	20
基　价（元）			361.78	395.03	479.21
其中	人　工　费（元）		136.20	143.40	205.80
	材　料　费（元）		216.06	232.59	244.85
	机　械　费（元）		9.52	19.04	28.56
名　　称	单位	单价（元）	数　　量		
人工	综合用工二类	工日	60.00	2.270	2.390	3.430
材料	钢管 φ48.3×3.6	百米·天	1.60	24.351	59.408	102.343
	直角扣件≥1.1kg/套	百套·天	1.00	14.168	36.781	40.994
	底座	百套·天	1.50	2.525	1.848	1.586
	挡脚板（木方）	m³	1995.00	0.070	0.040	0.012
	木脚手板	m³	2200.00	0.008	0.008	0.006
	防锈漆	kg	13.70	0.100	—	—
	其他材料费	元	1.00	0.525	0.588	0.588
机械	载货汽车 5t	台班	476.04	0.020	0.040	0.060

5.3 某地区建筑安装工程费用标准

某地区建筑安装工程费用标准见表 5-1。

某地区建筑安装工程费用标准　　　　　　　　　　表 5-1

费用名称		建筑工程费率			装饰、安装工程费率（%）		
		取费基数	企业等级	费率（%）	取费基数	企业等级	费率（%）
企业管理费		∑分项工程、单价措施项目定额人工费＋定额机械费	一级	35	∑分部分项、单价措施项目定额人工费＋定额机械费	一级	38
			二级	32		二级	30
			三级	30		三级	25
安全文明施工费		∑分项工程、单价措施项目定额人工费	—	28	∑分部分项、单价措施项目定额人工费	—	28
夜间施工增加费		∑分项工程、单价措施项目定额人工费		2	∑分项工程、单价措施项目定额人工费		2
冬雨期施工增加费		∑分项工程费		0.5	∑分项工程费		0.5
二次搬运费		∑分项工程费＋单价措施项目费		1	∑分项工程费＋单价措施项目费		1
提前竣工费		按经审定的赶工措施方案计算			按经审定的赶工措施方案计算		
总承包服务费		分包工程造价	—	2	分包工程造价	—	2
社会保险费		∑分项工程、单价措施项目人工费	一级	21	∑分项工程、单价措施项目人工费	一级	21
			二级	18		二级	18
			三级	16.7		三级	16.7
住房公积金		∑分项工程、单价措施项目人工费	一级	6	∑分项工程、单价措施项目人工费	一级	6
			二级	5		二级	5
			三级	4		三级	4
工程排污费		∑分项工程费		0.6	∑分项工程费		0.6
利润		∑分项工程、单价措施项目定额人工费	一级	32	∑分项工程、单价措施项目定额人工费	一级	32
			二级	27		二级	27
			三级	24		三级	24
综合税率	市区	税前造价		3.48	税前造价		3.48
	县镇			3.41			3.41
	其他			3.28			3.28

5.4 青年活动室工程量计算

根据青年活动室施工图和某地区预算定额计算的青年活动室工程量见表 5-2。

工 程 量 计 算 表

表 5-2

工程名称：青年活动室

序号	定额编号	分项工程名称	单位	工程量	计 算 式
		基数计算			$L_{中}$：$(4.20+7.20)\times2=22.80m$ $L_{内}$：$4.20-0.24=3.96m$ $L_{外}$：$L_{中}+4\times$墙厚$=22.80+4\times0.24=23.76m$ $S_{底}$：$(4.20+0.24)\times(7.20+0.24)=33.03m^2$ $S_{底净}$：$33.03-(22.80+3.96)\times0.24=26.61m^2$
1	A1-39	人工平整场地	m^2	96.55	$S=S_{底}+2\times L_{外}+16$ $=33.03+2\times23.76+16$ $=96.55m^2$
2	A1-15	人工挖地槽土方(不加工作面)	m^3	27.30	$V=1.0\times(1.20-0.15)\times\left(\underset{22.80}{L_{中}}+4.20-1.00\right)$ $=1.00\times1.05\times26.00$ $=27.30m^3$
3	B1-24 换	C15 混凝土基础垫层	m^3	5.20	$V=1.00\times0.20\times(22.80+4.20-1.00)$ $=1.00\times0.20\times26.00$ $=5.20m^3$
4	A3-1	M5 水泥砂浆砌砖基础	m^3	7.68	$V=(22.80+3.96)\times[0.24\times(1.20-0.20)+0.007875\times6]$ $=26.76\times0.287$ $=7.68m^3$
5	A7-214	1：2 水泥砂浆防潮层	m^2	6.42	$S=0.24\times(22.80+3.96)$ $=0.24\times26.76$ $=6.42m^2$
6	A1-41	地槽回填土	m^3	15.38	$V=V_{挖}-V_{垫}-V_{砖基}+$高出室外地坪砖基础体积 $=27.30-5.20-7.68+(22.80+3.96)\times0.24\times0.15$ $=14.42+0.96$ $=15.38m^3$
7	B4-119	铝合金门安装(平开)	m^2	7.26	$S=\dfrac{M-1}{2.70}\times1.80+\dfrac{M-2}{2.40}\times1.0$ $=7.26m^2$
8	B4-255	塑钢窗安装(推拉)	m^2	14.04	$S=1.8\times1.8\times3$樘$+1.8\times1.2\times2$樘 $=9.72+4.32$ $=14.04m^2$
9	A4-23	现浇 C20 混凝土圈梁	m^3	1.54	$V=0.24\times0.24\times\left(\underset{22.80}{L_{中}}\times\underset{3.96}{L_{内}}\right)$ $=1.54m^3$

工 程 量 计 算 表

工程名称：青年活动室

序号	定额编号	分项工程名称	单位	工程量	计　算　式
10	A12-22	圈梁模板安拆	m²	15.03	$S=\left(\underset{22.80}{侧面}+3.96-\underset{0.24}{接头}\right)\times 2面+\left(\underset{1.80\times 4榀}{门窗顶面}+1.20\right.$ $\left.\times 2榀\right)\times 0.24$ $=26.52\times 2\times 0.24+9.60\times 0.24$ $=12.730+2.304$ $=15.03m^2$
11	A12-2	混凝土基础垫层模板安拆	m²	10.00	$S=\left[\underset{22.80}{L_中}\times 2面-\underset{1.00\times 2}{接头}+(4.20-1.00)\times 2面\right]\times\underset{0.20}{高}$ $=(43.60+6.40)\times 0.20$ $=50.00\times 0.20$ $=10.00m^2$
12	A4-24	混浇 C20 混凝土过梁	m³	0.065	$V=(1.00+0.25\times 2)\times 0.24\times 0.18$ $=1.50\times 0.24\times 0.18$ $=0.065m^3$
13	A12-23	过梁模板安拆	m²	0.58	$S=\left[\underset{(1.00+0.25\times 2)\times 2}{侧面}面+\underset{1.00}{底面}\times 0.24\right]\times\underset{0.18}{高}$ $=(1.50\times 2+0.24)\times 0.18$ $=(3.00+0.24)\times 0.18$ $=3.24\times 0.18$ $=0.58m^2$
14	A3-3	M2.5 水泥砂浆砌砖墙	m³	16.40	$V=(墙长\times 墙高-门窗面积)\times 墙厚-圈过梁体积$ $=[(22.80+3.96)\times 3.60-7.26-14.04]\times 0.24-1.54$ -0.065 $=(26.76\times 3.60-21.30)\times 0.24-1.605$ $=75.036\times 0.24-1.605$ $=18.01-1.605$ $=16.40m^3$
15	A11-1	内外墙砌筑脚手架	m²	103.95	外墙：$S=\underset{23.76}{L_外}\times(3.60+0.15)$ $=23.76\times 3.75$ $=89.10m^2$ 内墙：$S=(4.20-0.24)\times(3.60+0.15)$ $=3.96\times 3.75$ $=14.85m^2$ 小计：$89.10+14.85=103.95m^2$
16	A4-35	现浇 C20 混凝土屋面平板	m³	8.16	$V=(7.20+0.24+0.48\times 2)\times(4.20+0.24+0.48\times 2)\times 0.18$ $=8.40\times 5.40\times 0.18$ $=45.36\times 0.18$ $=8.16m^3$

工 程 量 计 算 表

工程名称：青年活动室

序号	定额编号	分项工程名称	单位	工程量	计 算 式
17	A12-32	屋面平板模板安拆	m²	50.33	$S=\left(\overset{水平}{7.20}+0.24+0.48\times2\right)\times(4.20+0.24+0.48\times2)$ $-\left(\overset{墙厚}{22.80}+3.96\right)\times0.24+\left(\overset{立面}{23.76}+4\times2\times0.48\right)$ $\times0.18$ $=8.40\times5.40+27.60\times0.18$ $=45.36+4.97$ $=50.33\text{m}^2$
18	B1-27	屋面1∶3水泥砂浆找平层	m²	45.36	$S=(7.20+0.24+0.48\times2)\times(4.20+0.24+0.48\times2)$ $=8.40\times5.40$ $=45.36\text{m}^2$
19	A7-46	氯丁胶乳沥青-布四涂防水	m²	45.36	同序18　45.36m²
20	B1-38	屋面1∶2水泥砂浆面层	m²	45.36	同序19　45.36m²
21	A1-41	室内回填土	m³	1.33	$V=S_净\times回填厚$ $=26.61\times(0.15-0.08-0.02)$ $=26.61\times0.05$ $=1.33\text{m}^3$
22	B1-24	C15混凝土地面垫层	m³	2.13	$V=S_净\times厚$ $=26.61\times0.08$ $=2.13\text{m}^3$
23	B1-102	地砖地面	m²	26.61	$S=S_净=26.61\text{m}^2$
24	B1-220	瓷砖踢脚线	m²	3.86	$S=\left[(3.60-0.24+4.20-0.24)\times2\times2间-\left(\overset{门洞处}{1.80}+1.0\right.\right.$ $\left.\times2\right)+\left(\overset{M-2侧}{0.24}-0.10\right)\times2边\Big]\times0.15$ $=(14.64\times2-3.80+0.28)\times0.15$ $=25.76\times0.15$ $=3.86\text{m}^2$

工 程 量 计 算 表

工程名称：青年活动室

序号	定额编号	分项工程名称	单位	工程量	计 算 式
25	B2-19	混合砂浆抹内墙面	m²	82.31	$S=$ 墙长 $\times$ 墙高－门窗面积 $=[(3.60-0.24+4.20-0.24)\times2\times2\ 间]\times3.60-1.8\times1.8\times3-1.8\times1.2\times2-2.7\times1.8-2.1\times1.0\times2\ 面$ $=29.28\times3.60-23.10$ $=105.408-23.10$ $=82.31\text{m}^2$
26	B3-7	混合砂浆抹天棚	m²	38.94	室内：$S=S_{净}=26.61\text{m}^2$ 室外：$S=\left(\dfrac{L_{外}}{23.76}+0.48\times4\right)\times0.48$ $=25.68\times0.48$ $=12.33\text{m}^2$ 小计：$26.61+12.33=38.94\text{m}^2$
27	B5-296	天棚、内墙面乳胶漆	m²	121.25	$S=$ 序 25＋序 26 $=82.31+38.94$ $=121.25\text{m}^2$
28	B2-153	外墙面砖(周长 600 内 5mm 缝)	m²	74.86	$S=\dfrac{L_{外}}{23.76}\times\left(\dfrac{高}{3.60}+0.15\right)-\dfrac{门}{2.70}\times1.80-\dfrac{窗 C-1}{1.8\times1.8\times3}-$ $\dfrac{窗 C-2}{1.8\times1.2\times2}-\left[\left(\dfrac{窗台线}{1.80}+0.20\right)\times3+(1.20+0.20)\times\right.$ $\left.2\right]\times0.12+\left(\dfrac{门侧}{2.70}\times2+1.80\right)\times\dfrac{宽}{0.14}+$ 窗侧$[(1.80+$ $1.80)\times2\times3\ 樘+(1.20+1.80)\times2\times2\ 樘]\times0.14$ $=89.10-4.86-9.72-4.32-8.80\times0.12+7.20\times0.14+33.6\times0.14$ $=89.10-4.86-9.72-4.32-1.056+1.008+4.704$ $=74.86\text{m}^2$
29	B2-252	零星贴砖	m²	7.15	窗台线：$S=\left[\dfrac{C-1}{(1.80+0.20)\times3}+\dfrac{C-2}{(1.20+0.20)\times2}\right]\times(0.12$ $+0.06\times2)+\dfrac{端头}{0.12\times0.06\times2\ 头\times5\ 樘}$ $=(6+2.80)\times0.24+0.072$ $=8.8\times0.24+0.072$ $=2.18\text{m}^2$ 檐口：$S=\dfrac{L_{外}}{(23.76+0.48\times8)}\times0.18$ $=27.6\times0.18$ $=4.97\text{m}^2$ 小计：$2.18+4.97=7.15\text{m}^2$

工 程 量 计 算 表

工程名称：青年活动室

序号	定额编号	分项工程名称	单位	工程量	计 算 式
30	B7-1	外墙装饰脚手架	m²	93.38	$S = \dfrac{L_外}{23.76} \times (3.60+0.18+0.15)$ $= 23.76 \times 3.93$ $= 93.38\text{m}^2$
31	B7-22	内墙装饰脚手架	m²	52.70	$S = (3.60-0.24+4.20-0.24) \times 2 \times 3.60$ $= 7.32 \times 2 \times 3.60$ $= 52.70\text{m}^2$
32	B7-20	天棚装饰简易脚手架	m²	26.61	$S = S_净 = 26.61\text{m}^2$
33	A4-63	C15 混凝土防滑坡道	m²	1.44	$S = 2.40 \times 0.60$ $= 1.44\text{m}^2$
34	A4-61	C15 混凝土散水	m²	14.26	$S = (L_外+4 \times 散水宽) \times 散水宽-坡道面积$ $= (23.76+4 \times 0.60) \times 0.60-2.40 \times 0.60$ $= 15.696-1.44$ $= 14.26\text{m}^2$
35	A7-234	散水沥青砂浆变形缝	m	23.41	$L = L_外+4个转角-坡道+坡道侧$ $= 23.76+4 \times \sqrt{0.6^2+0.6^2}-2.40+0.60 \times 2$ $= 23.76+0.85-2.40+1.20$ $= 23.41\text{m}$
36	A1-70	余土外运（运距20m）	m³	10.59	$V = 地槽土方-地槽回填土-室内回填土$ $= 27.30-15.38-1.33$ $= 10.59\text{m}^3$

5.5 青年活动室直接费计算及工料分析

根据表 5-2 计算出的工程量和某地区预算定额及三级施工企业应计取管理费、利润标准，计算活动室定额直接费、管理费、利润，分析主要材料。计算结果见表 5-3。

分部分项工程（单价措施项目）费计算、工料分析表

表 5-3

第 1 页 共 5 页

工程名称：青年活动室

序号	定额编号	项目名称	单位	工程量	基价	合价	人工费		材料费		机械费		管理费、利润		主要材料用量			
							单价	小计	单价	小计	单价	小计	费率	小计	标砖(块)	32.5等级水泥(kg)	中砂(t)	碎石(t)
		一、土石方工程																
1	A1-15	人工挖地槽土方	m³	27.30	24.35	664.76	24.35	664.76					30%	199.43				
2	A1-39	人工平整场地	m²	96.55	1.43	138.07	1.43	138.07					30%	41.42				
3	A1-41	地槽回填土	m³	15.38	15.82	243.31	13.32	204.86			2.50	38.45	30%	61.46				
4	A1-41	室内地坪回填土	m³	1.33	15.82	21.04	13.32	17.72			2.50	3.33	30%	5.32				
5	A1-70	余土外运(20m)	m³	10.59	9.25	97.96	9.25	97.96					30%	29.39				
		分部小计				1165.14		1123.37				41.78		337.02				
		二、砖筑工程																
6	A3-1	M5水泥砂浆砌砖基础	m³	7.68	291.85	2241.41	58.44	448.82	229.38	1761.64	4.04	31.03	30%	134.65	523.6/4021.2	50.5/387.8	0.378/2.903	
7	A3-3	M2.5水泥砂浆砌砖墙	m³	16.40	320.40	5254.56	79.86	1309.70	236.61	3880.40	3.93	64.45	30%	392.91	531.4/8715	48.2/790.5	0.361/5.92	
		分部小计				7495.97		1758.52		5642.04		95.48		527.56	12736	1178.3	8.823	
		三、混凝土工程																
8	A4-23	现浇 C20 混凝土圈梁	m³	1.54	349.84	538.75	139.92	215.48	203.01	312.64	6.92	10.66	30%	64.64		325/500.5	0.669/1.03	1.366/2.104

说明：1. 管理费、利润＝定额人工费×费率。
2. 表中各项费用均以不含增值税的价格计算（续表同）。

分部分项工程（单价措施项目）费计算、工料分析表

工程名称：

序号	定额编号	项目名称	单位	工程量	基价	合价	人工费单价	人工费小计	材料费单价	材料费小计	机械费单价	机械费小计	管理费、利润费率	管理费、利润小计	32.5等级水泥(kg)	中砂(t)	碎石(t)	玻丝布(m²)	氯丁胶乳沥青(kg)	32.5水泥(kg)	中砂(t)	石油筋(t)
9	A4-24	现浇C20混凝土过梁	m³	0.065	370.62	24.09	151.56	9.85	207.79	13.51	11.27	0.73	30%	2.96	325/21.1	0.669/0.043	1.366/0.089					
10	A4-35	现浇C20混凝土屋面板	m³	8.16	303.90	2479.82	78.48	640.40	213.94	1745.75	11.48	93.68	30%	192.12	352/2872.3	0.695/5.671	1.297/10.584					
11	A4-61	C15混凝土散水	m²	14.26	69.25	987.51	34.45	491.26	33.78	481.70	1.02	14.55	30%	147.38	22.4/319.4	0.067/0.955	0.096/1.369					
12	A4-63	C15混凝土防滑坡道	m²	1.44	98.68	142.10	52.92	76.20	44.27	63.75	1.50	2.16	30%	22.86	32.62/46.97	0.090/0.130	0.082/0.118					
		分部小计				4172.27		1433.19		2617.35		121.78		429.96	3760.3	7.829	14.264					
		四、防水工程																				
13	A7-214	1:2水泥砂浆墙基防潮层	m²	6.42	16.20	104.00	8.12	52.13	7.75	49.76	0.33	2.12	30%	15.64						13.94/89.49	0.037/0.298	
14	A7-46	屋面氯丁胶乳沥青一布四涂防水层	m²	45.36	22.17	1005.63	7.89	357.89	14.28	647.74			30%	107.37				1.195/54.21	1.885/85.50			0.0012/0.028
15	A7-234	散水沥青砂浆变形缝	m	23.41	11.52	269.68	3.88	90.83	7.65	179.09			30%	27.25							0.008/0.187	
		分部小计				1379.31		500.85		876.59		2.12		150.26				54.21	85.50	89.49	0.425	0.028
		五、建筑脚手架																				
16	A11-1	内外墙砌筑脚手架	m²	103.95	7.91	822.24	1.85	192.31	5.40	561.33	0.67	69.65	30%	57.69								
		分部小计				822.24		192.31		561.33		69.65		57.69								

说明：管理费、利润＝定额人工费×费率。

续表

第 3 页共 5 页

分部分项工程(单价措施项目)费计算、工料分析表

工程名称：

序号	定额编号	项目名称	单位	工程量	基价	合价	人工费单价	人工费小计	材料费单价	材料费小计	机械费单价	机械费小计	管理费、利润费率	管理费、利润小计	主要材料用量 木模板(m³)/32.5水泥(kg)	方木(m³)/中砂(t)	碎石(t)
		六、现浇构件模板安拆															
17	A12-2	混凝土基础垫层模板安拆	m²	10.00	34.11	341.10	13.81	138.10	18.43	184.30	1.87	18.70	30%	41.43	0.00144/0.014	0.00239/0.024	
18	A12-22	圈梁模板安拆	m²	15.03	34.69	521.39	18.30	275.05	15.26	229.36	1.13	16.98	30%	82.52	0.00014/0.002	0.00109/0.016	
19	A12-23	过梁模板安拆	m²	0.58	67.13	38.94	29.72	17.24	35.32	20.49	2.09	1.21	30%	5.17	0.00193/0.001	0.00835/0.005	
20	A12-32	屋面板模板安拆	m²	50.33	46.12	2321.22	15.62	786.15	27.82	1400.18	2.69	135.39	30%	235.85	0.00051/0.026	0.00231/0.116	
		分部小计				3222.65		1216.54		1834.33		172.28		364.97	0.043	0.161	
		七、楼地面工程															
21	B1-24	C15混凝土地面垫层	m³	2.31	262.49	606.35	77.28	178.52	177.93	411.02	7.27	16.79	30%	53.56	262.6/606.6	0.762/1.760	1.361/3.144
→22	B1-24换	C15混凝土基础垫层	m³	5.20	277.94	1445.29	92.74	482.25	177.93	925.24	7.27	37.80	30%	144.68	262.6/1365.52	0.762/3.962	1.361/7.077
23	B1-27	屋面1:3水泥砂浆找平层	m²	45.36	9.37	425.02	4.60	208.66	4.51	204.57	0.26	11.79	30%	62.60	9.66/438.2	0.0324/1.470	
24	B1-38	屋面1:2水泥砂浆面层	m²	45.36	14.33	650.01	8.30	376.49	5.76	261.27	0.26	11.79	30%	112.95	12.63/572.9	0.0294/1.334	小计：10.221

人工费乘以1.2

说明：管理费、利润＝定额人工费×费率。

分部分项工程(单价措施项目)费计算、工料分析表

工程名称:

序号	定额编号	项目名称	单位	工程量	基价	合价	人工费 单价	人工费 小计	材料费 单价	材料费 小计	机械费 单价	机械费 小计	管理费、利润 费率	管理费、利润 小计	32.5等级水泥(kg)	中砂(t)	白水泥(kg) / 240×60面砖(m²)	500×500地砖(m²) / 白水泥(kg)	地砖踢脚线(m²)
25	B1-102	地砖地面	m²	26.61	69.29	1843.81	17.44	464.08	50.95	1355.78	0.90	23.95	30%	139.22	7.62/202.8	0.0324/0.862	0.103/2.74	1.04/27.67	
26	B1-220	瓷砖踢脚线	m²	3.86	63.23	244.07	31.24	120.59	31.16	120.28	0.83	3.20	30%	36.18	10.14/39.14	0.0336/0.130	0.14/0.54		1.02/3.94
		分部小计				5214.55		1830.59		3278.16		105.32		549.19	3225.2	9.518	3.28	27.67	3.94
		八、墙柱面工程																	
27	B2-19	混合砂浆抹内墙面	m²	82.31	17.34	1427.26	12.83	1056.04	4.16	342.41	0.35	28.81	25%	264.01	5.89/484.8	0.0375/3.087			
28	B2-153	外墙面砖(600内)	m²	74.86	75.79	5673.64	35.56	2662.02	39.41	2950.23	0.82	61.39	25%	665.51	13.92/1042.05	0.035/2.62	0.94/70.37	0.21/1.50	
29	B2-252	零星贴砖	m²	7.15	103.62	740.88	58.88	420.99	43.81	313.24	0.93	6.65	25%	105.25	12.83/91.73	0.0329/0.235	1.08/7.72	0.21/1.50	
		分部小计				7841.78		4139.05		3605.88		96.85		1034.77	1618.6	5.942	78.09	1.50	
		九、天棚工程																	
30	B3-7	混合砂浆抹天棚	m²	38.94	16.45	640.56	13.06	508.56	3.18	123.83	0.21	8.18	25%	127.14	4.86/189.2	0.023/0.90			
		分部小计				640.56		508.56		123.83		8.18		127.14	189.2	0.90			

说明:管理费、利润=定额人工费×费率。

分部分项工程（单价措施项目）费计算、工料分析表

工程名称：

序号	定额编号	项目名称	单位	工程量	基价	合价	人工费 单价	人工费 小计	材料费 单价	材料费 小计	机械费 单价	机械费 小计	管理费、利润 费率	管理费、利润 小计	平开门(m²)	推拉窗(m²)
		十、门窗工程														
31	B4-119	铝合金平开门安装	m²	7.26	255.45	1854.57	28.17	204.51	226.29	1642.87	0.99	7.19	25%	51.13	0.95/6.90	
32	B4-255	塑钢推拉窗安装	m²	14.04	189.99	2667.46	22.34	313.65	166.34	2335.41	1.30	18.25	25%	78.41		0.95/13.34
		分部小计				4522.03		518.16		3978.28		25.44		129.54	6.90	13.34
		十一、油漆涂料工程													乳胶漆(kg)	
33	B5-296	天棚内墙面乳胶漆	m²	121.25	7.81	946.96	5.61	680.21	2.20	266.75			25%	170.05	0.284/34.44	
		分部小计				946.96		680.21		266.75				170.05	34.44	
		十二、装饰脚手架														
34	B7-1	外墙装饰脚手架	m²	93.38	8.39	783.46	2.61	243.72	5.59	521.99	0.19	17.74	25%	60.93		
35	B7-20	天棚装饰简易脚手架	m²	26.61	1.20	31.93	0.55	14.64	0.56	14.90	0.10	2.66	25%	3.66		
36	B7-22	内墙装饰脚手架	m²	52.70	3.62	190.77	1.36	71.67	2.16	113.83	0.10	5.27	25%	17.92		
		分部小计				1006.16		330.03		650.72		25.67		82.51		
		合计				38429.62		14231.38		23435.26		764.55		3960.66		
		其中：分部分项工程费				33378.57		12492.50						3455.49		
		单价措施项目费				5051.05		1738.88						505.17		

5.6 青年活动室工程材料汇总

根据表5-3计算出的主要材料汇总后见表5-4。

材料汇总表 表5-4

工程名称：青年活动室 第1页共1页

序号	材料名称	规格、型号	单位	数量
	标准砖	240×115×53	块	12736
	32.5水泥	32.5	kg	10061
	中砂		t	33.437
	碎石		t	24.485
	玻璃丝布		m²	54.21
	氯丁胶乳沥青		kg	85.50
	石油沥青		t	0.028
	木模板		m³	0.043
	方木支撑		m³	0.161
	白水泥		kg	4.78
	地砖	500×500	m²	27.67
	地砖踢脚线		m²	3.94
	墙面砖	240×60	m²	78.09
	铝合金平开门	平开	m²	6.90
	塑钢推拉窗	推拉	m²	13.34
	乳胶漆		kg	34.44

5.7 青年活动室工程材料价差调整

根据表5-4汇总的主要材料和某地区材料指导价计算出的材料价差见表5-5。

材料价差调整表 表5-5

工程名称：青年活动室 第1页共1页

序号	材料名称及规格	单位	数量	单价	调整价	单价差	复价差	备 注
			1	2	3	4=3-2	5=1×4	6（注明调整价来源）
	32.5水泥	kg	10061	0.36	0.40	0.04	402.44	某地指导价
	中砂	t	33.437	30.00	35.00	5.00	167.19	某地指导价
	标准砖	块	12736	0.38	0.35	-0.03	-382.08	某地指导价
	木模板	m³	0.043	2300.00	2500.00	200.00	8.60	某地指导价
	小计						196.15	

注：1. 根据某地区调价文件规定和材料指导价调整。

2. 表中各费用均以不包含增值税可抵扣进项税额的价格计算。

5.8 青年活动室建筑安装工程费用计算

根据某地区费用标准（表 5-1）、直接费计算表（表 5-3）、材料价差调整表（表 5-5）和某地区人工费调增规定，计算出的青年活动室建筑安装工程费用见表 5-6。

建筑安装工程费用计算表　　　　　　　　　　　　表 5-6

工程名称：青年活动室　　　　　　　　　　　　　　　第 1 页共 1 页

序号	费用名称			计算式（基础）	费率（%）	金额（元）	合计（元）
1	分部分项工程费		人工费	Σ分部分项工程量×定额基价	其中：定额人工费 12492.50	33378.57	36834.06
			材料费				
			机械（具）费				
			管理费 利润	Σ分部分项工程定额人工费×费率	见分析表	2455.49	
2	措施项目费		单价措施费	Σ单价措施项目工程量×定额基价	见分析表	5051.01	11200.07
				Σ单价措施项目定额人工费	见分析表	1738.88	
		总价措施费	安全文明施工费	Σ分部分项工程、单价措施定额人工费 12492.50＋1733.88＝14226.38	2890	3983.39	
			夜间施工增加费		290	284.53	
			二次搬运费		190	142.26	
			冬雨期施工增加费		无	—	
3	其他项目费		总承包服务费	分部分项工程、单价措施定额人工费	无		
					无		
4	规费		社会保险费	分部分项工程、单价措施定额人工费	1390	1849.43	2276.22
			住房公积金		390	426.79	
			工程排污费	按工程所在地规定计算	无		
5	人工价差调整			定额人工费×调整系数	4590	6401.81	6401.87
6	材料价差调整			见计算表	见材料价差表	196.15	196.15
7	增值税税金			（序1＋序2＋序3＋序4＋序5＋序6）56908.37	10.00	5690.84	5690.84
	预算造价			（序1＋序2＋序3＋序4＋序5＋序6＋序7）			62599.21

说明：1. 由三级施工企业施工。

2. 工程在市区。

3. 某地区人工费调增规定：定额人工费×45%。

4. 表 5-6 中各费用均以不包含增值税可抵扣进项税额的价格计算。

6 工程量清单及清单报价编制实例

6.1 青年活动室工程量清单编制

6.1.1 青年活动室分部分项和单价措施项目清单工程量计算

根据青年活动室施工图、房屋建筑与装饰工程工程量计算规范，计算出的活动室分部分项工程和单价措施项目清单工程量（部分）见表 6-1。

分部分项工程和单价措施项目清单工程量计算表

工程名称：青年活动室（部分工程量）

表 6-1

第 1 页共 1 页

序号	项目编码	项目名称	计量单位	工程数量	计 算 式
1	010101001001	平整场地	m²	33.03	$S=(4.20+0.24)\times(7.20+0.24)$ $=4.44\times7.44$ $=33.03\text{m}^2$
2	010101003001	挖地槽土方	m³	27.30	不加工作面 $V=1.00\times(1.20-0.15)\times[(4.20+7.20)\times2+4.20-1.00]$ $=1.00\times1.05\times26.00$ $=27.30\text{m}^3$
3	010401001001	M5 水泥砂浆砌砖基础	m³	7.68	$V=[(4.20+7.20)\times2+4.20-0.24]$ $\quad\times[0.24\times(1.20-0.20)+0.007875\times6]$ $=(22.80+3.96)\times(0.24+0.047)$ $=26.76\times0.287$ $=7.68\text{m}^3$ 防潮层工程量：$S=(22.80+3.96)\times0.24=6.42\text{m}^3$
4	010503004001	现浇 C20 混凝土圈梁	m³	1.54	$V=0.24\times0.24\times(22.80+3.96)$ $=0.0576\times26.76$ $=1.54\text{m}^3$
5	011702008001	圈梁模板安拆	m²	15.03	$S=$侧模面积+底模面积 $=(22.80+3.96-0.24)\times2$边$\times0.24+(1.80\times4$樘 $\quad+1.20\times2$樘$)\times0.24$ $=12.730+2.304$ $=15.03\text{m}^2$
6	011701003001	砌墙脚手架	m²	103.95	$S=$砌墙垂直投影面积 $=[(22.80+0.24\times4)+(4.20-0.24)]$ $\quad\times(3.60+0.15)$ $=27.72\times3.75$ $=103.95\text{m}^2$

6.1.2 青年活动室分部分项和单价措施项目清单(部分)

根据青年活动室施工图、房屋建筑与装饰工程工程量计算规范，活动室分部分项和单价措施项目清单工程量(部分)，列出的分部分项工程和单价措施项目清单与计价表见表6-2。

分部分项工程和单价措施项目清单与计价表　　　　　　　　　　表 6-2

工程名称：青年活动室(部分项目)　　　　　标段：　　　　　　　　　第 1 页共 1 页

序号	项目编码	项目名称	项目特征描述	计量单位	工程量	金额(元)		
						综合单价	合价	其中人工费
		一、土石方工程						
1	010101001001	平整场地	1. 土壤类别：三类土 2. 弃(取)土距离：自定	m²	33.03			
2	010101003001	挖地槽土方	1. 土壤类别：三类土 2. 挖土深度：1.05m 3. 弃土距离：自定	m³	27.30			
		二、砌筑工程						
3	010401001001	砖基础	1. 砖品种规格强度： 　MU5 标准砖 240×115×53 2. 基础类型：带形 3. 砂浆强度等级：M5 4. 防潮层材料种类：防水砂浆	m³	7.68			
		三、混凝土工程						
4	010503004001	现浇圈梁	1. 混凝土种类：碎石混凝土 2. 混凝土强度等级：C20	m³	1.54			
		四、脚手架工程						
5	011701003001	砌墙脚手架	1. 搭设方式：单排 2. 搭设高度：3.75m 3. 脚手架材质：钢管	m²	103.95			
		五、模板及支架						
6	011702008001	圈梁模板按拆	材料：组合钢模	m²	15.03			
		本页小计						
		合计						

注：为计取规费等的使用，可在表中增设其中："定额人工费"。

6.1.3 青年活动室总价措施项目清单

青年活动室工程的总价措施项目清单与计价表见表 6-3。

总价措施项目清单与计价表　　　　　　　　　　　　　　表 6-3

工程名称：青年活动室工程(部分)　　　标段：　　　　　　　第 1 页共 1 页

序号	项目编码	项目名称	计算基础	费率(%)	金额(元)	调整费率(%)	调整后金额(元)	备注
1	011707001001	安全文明施工	分部分项工程和单价措施项目定额人工费					
2	011707002001	夜间施工						本工程不计算
3	011707004001	二次搬运						本工程不计算
4	011707005001	冬雨季施工						本工程不计算
5	011707007001	已完工程及设备保护						本工程不计算
		合　计						

编制人(造价人员)：　　　　　　　　　　　　　　　复核人(造价工程师)：

6.1.4 青年活动室其他项目清单

青年活动室工程的其他项目清单与计价汇总表见表 6-4。

其他项目清单与计价汇总表

表 6-4

工程名称：青年活动室工程(部分) 　　　　标段：　　　　　　　　　第 1 页共 1 页

序号	项目名称	金额(元)	结算金额(元)	备注
1	暂列金额	120.00		
2	暂估价			无
2.1	材料(工程设备)暂估价			无
2.2	专业工程暂估价			无
3	计日工			无
4	总承包服务费			无
5	索赔与现场签证			无
	合计	120.00		

注：材料(工程设备)暂估单价进入清单项目综合单价，此处不汇总。

6.2 青年活动室清单报价编制

根据表 6-2～表 6-4 和某地区预算定额、费用定额，编制青年活动室清单报价。

6.2.1 青年活动室分部分项和单价措施项目综合单价分析

根据某地区预算定额（材料单价不变）和费用定额以及分部分项和单价措施项目清单，编制的青年活动室分部分项和单价措施项目综合单价见表 6-5～表 6-10。

工程量清单综合单价分析表　　　　表 6-5

工程名称：青年活动室　　　　标段：　　　　第 1 页共 6 页

项目编码	010101001001	项目名称	平整场地	计量单位	m²

清单综合单价组成明细

定额编号	定额项目名称	定额单位	数量	单价 人工费	单价 材料费	单价 机械费	单价 管理费和利润	合价 人工费	合价 材料费	合价 机械费	合价 管理费和利润
A1-39	平整场地	100m²	0.01	142.88			42.86	1.43			0.43
人工单价			小计					1.43			0.43
47.00 元/工日			未计价材料费								
清单项目综合单价								1.86			

主要材料名称、规格、型号	单位	数量	单价（元）	合价（元）	暂估单价（元）	暂估合价（元）
材料费明细						
其他材料费			—		—	
材料费小计			—		—	

注：1. 管理费和利润＝定额人工费×30%。

　　2. 表中各费用均以不包含增值税可抵扣进项税额的价格计算（表 6-7～表 6-10 同）。

工程量清单综合单价分析表

表6-6

工程名称：青年活动室　　　　　　　标段：　　　　　　　　　

项目编码	010101003001	项目名称	挖地槽土方	计量单位	m³

清单综合单价组成明细

定额编号	定额项目名称	定额单位	数量	单价				合价			
				人工费	材料费	机械费	管理费和利润	人工费	材料费	机械费	管理费和利润
A1-15	人工挖沟槽	100m³	0.10	2435.07			730.52	24.35			7.31
人工单价		小计						24.35			7.31
47.00元/工日		未计价材料费									
清单项目综合单价								31.66			

主要材料名称、规格、型号	单位	数量	单价(元)	合价(元)	暂估单价(元)	暂估合价(元)
其他材料费			—		—	
材料费小计			—		—	

注：管理费和利润＝定额人工费×30%。

工程量清单综合单价分析表

表 6-7

工程名称：青年活动室　　　　　标段：　　　　　　　　第 3 页共 6 页

| 项目编码 | 010401001001 | 项目名称 | | 平整场地 | | 计量单位 | | | m³ |

清单综合单价组成明细

定额编号	定额项目名称	定额单位	数量	单 价				合 价			
				人工费	材料费	机械费	管理费和利润	人工费	材料费	机械费	管理费和利润
A3-1	M5 水泥砂浆砌砖基础	10m³	0.10	584.40	2293.77	40.35	175.32	58.44	229.38	4.04	17.53
A7-214	1:2 水泥砂浆墙基防潮层	100m²	0.0084	811.80	774.82	33.10	243.54	6.82	6.51	0.29	2.05
	人工单价			小　计				65.26	235.89	4.33	19.58
	60.00 元/工日			未计价材料费							
	清单项目综合单价							325.06			

	主要材料名称、规格、型号	单位	数量	单价（元）	合价（元）	暂估单价（元）	暂估合价（元）
材料费明细	标准砖	千块	0.5236	380.00	198.97		
	32.5 级水泥	t	0.0505	360.00	18.18		
	中砂	t	0.3783	30.00	11.35		
	水	m³	0.176	5.00	0.88		
	32.5 级水泥	t	0.0117	360.00	4.21		
	中砂	t	0.0309	30.00	0.93		
	防水粉	kg	0.59	2.00	1.18		
	水	m³	0.038	5.00	0.19		
	其 他 材 料 费			—		—	
	材 料 费 小 计			—	233.89	—	

注：1. 管理费和利润＝定额人工费×30％。

　　2. 防潮层数量＝防潮层工程量÷砖基础工程量＝6.42÷7.68÷100＝0.0084。

工程量清单综合单价分析表

表 6-8

工程名称：青年活动室　　　　　　标段：　　　　　　

项目编码	010503004001	项目名称	现浇圈梁	计量单位	m³

清单综合单价组成明细

定额编号	定额项目名称	定额单位	数量	单价				合价			
				人工费	材料费	机械费	管理费和利润	人工费	材料费	机械费	管理费和利润
A4-23	现浇圈梁	10m³	0.10	1399.20	2030.05	69.18	419.76	139.92	203.01	6.92	41.98
人工单价			小计					139.92	203.01	6.92	41.98
60.00 元/工日			未计价材料费								
清单项目综合单价								391.83			

	主要材料名称、规格、型号	单位	数量	单价（元）	合价（元）	暂估单价（元）	暂估合价（元）
材料费明细	32.5 级水泥	t	0.325	360.00	117.00		
	中砂	t	0.669	30.00	20.07		
	碎石	t	1.366	42.00	57.37		
	塑料薄膜	m²	3.304	0.80	2.64		
	水	m³	1.184	5.00	5.92		
	其他材料费			—		—	
	材料费小计			—	203.00	—	

注：管理费和利润＝定额人工费×30％。

工程量清单综合单价分析表

表 6-9

工程名称：青年活动室　　　　　标段：　　　　　

项目编码	011701003001	项目名称	砌墙脚手架	计量单位	m²

清单综合单价组成明细

定额编号	定额项目名称	定额单位	数量	单价				合价			
				人工费	材料费	机械费	管理费和利润	人工费	材料费	机械费	管理费和利润
A11-1	砌墙脚手架	100m²	0.01	184.80	539.71	55.65	55.44	1.85	5.40	0.56	0.55
人工单价			小计					1.85	5.40	0.56	0.55
60.00元/工日			未计价材料费								
清单项目综合单价								8.36			

	主要材料名称、规格、型号	单位	数量	单价（元）	合价（元）	暂估单价（元）	暂估合价（元）
材料费明细	钢管	百米·天	1.161	1.60	1.86		
	直角扣件	百米·天	1.30	1.00	1.30		
	对接扣件	百米·天	0.1143	1.00	0.11		
	旋转扣件	百米·天	0.0279	1.00	0.03		
	底座	百米·天	0.0703	1.50	0.11		
	木材	m³	0.00009	1800.00	0.16		
	镀锌钢丝8号	kg	0.1118	5.00	0.56		
	木脚手板	m³	0.00055	2200.00	1.21		
	钢钉	kg	0.0113	5.50	0.06		
	其他材料费			—		—	
	材料费小计			—	5.40	—	

注：管理费和利润＝定额人工费×30%。

工程量清单综合单价分析表

表 6-10

工程名称：青年活动室　　　　　　　　标段：　　　　　　　　

项目编码	011702008001	项目名称	圈梁模板按拆	计量单位	m²

清单综合单价组成明细

定额编号	定额项目名称	定额单位	数量	单价				合价			
				人工费	材料费	机械费	管理费和利润	人工费	材料费	机械费	管理费和利润
A12-22	圈梁模板安拆	100m²	0.01	1830.00	1526.06	113.27	549.00	18.30	15.26	1.13	5.49
人工单价			小计					18.30	15.26	1.13	5.49
60.00元/工日			未计价材料费								
清单项目综合单价								40.15			

主要材料名称、规格、型号	单位	数量	单价（元）	合价（元）	暂估单价（元）	暂估合价（元）
32.5级水泥	t	0.00002	360.00	0.01		
中砂	t	0.00004	30.00	0.00		
组合钢模	t·天	0.612	11.00	6.73		
支撑方木	m³	0.00109	2300.00	2.51		
木模板	m³	0.00014	2300.00	0.32		
钢钉	kg	0.3297	5.50	1.81		
镀锌钢丝8号	kg	0.6454	5.00	3.23		
隔离剂	kg	0.10	0.98	0.10		
镀锌钢丝22号	kg	0.0018	6.70	0.01		
水	m³	0.00001	5.00	0.00		
其他材料费			—	0.54	—	
材料费小计			—	15.26	—	

注：管理费和利润＝定额人工费×30％。

6.2.2 青年活动室分部分项工程和单价措施项目费计算

根据青年活动室分部分项工程和单价措施项目清单(表 6-2)以及分部分项和单价措施项目综合单价(表 6-5～表 6-10),计算青年活动室分部分项和单价措施项目费(表 6-11)。

分部分项工程和单价措施项目清单与计价表　　　表 6-11

工程名称:青年活动室(部分项目)　　　　标段:　　　　　第 1 页共 1 页

序号	项目编码	项目名称	项目特征描述	计量单位	工程量	综合单价	合价	其中 人工费
		一、土石方工程						
1	010101001001	平整场地	1. 土壤类别:三类土 2. 弃(取)土距离:自定	m²	33.03	1.86	61.44	47.23
2	010101003001	挖地槽土方	1. 土壤类别:三类土 2. 挖土深度:1.05m 3. 弃土距离:自定	m³	27.30	31.66	864.32	664.76
		小计					925.76	711.99
		二、砌筑工程						
3	010401001001	砖基础	1. 砖品种规格强度: 　MU5 标准砖 240×115×53 2. 基础类型:带形 3. 砂浆强度等级:M5 4. 防潮层材料种类:防水砂浆	m³	7.68	325.06	2496.46	501.20
		小计					2496.46	501.20
		三、混凝土工程						
4	010503004001	现浇圈梁	1. 混凝土种类:碎石混凝土 2. 混凝土强度等级:C20	m³	1.54	391.83	603.42	215.48
		小计					603.42	215.48
		四、脚手架工程						
5	011701003001	砌墙脚手架	1. 搭设方式:单排 2. 搭设高度:3.75m 3. 脚手架材质:钢管	m²	103.95	8.36	869.02	192.31
		小计					869.02	192.31
		五、模板及支架						
6	011702008001	圈梁模板安拆	材料:组合钢模	m²	15.03	40.15	603.45	275.05
		小计					603.45	275.05
		本页小计						
		合计					5498.11	1896.03

6.2.3 青年活动室总价项目清单费计算

根据青年活动室总价项目清单(见表6-3)、表6-11和某地区费用标准(见表5-1)内容,计算的总价项目清单费见表6-12。

总价措施项目清单与计价表 表 6-12

工程名称：青年活动室工程(部分)　　　　标段：　　　　　　　　第1页共1页

序号	项目编码	项目名称	计算基础	费率(%)	金额(元)	调整费率(%)	调整后金额(元)	备注
1	011707001001	安全文明施工	分部分项工程和单价措施项目定额人工费	28%	530.89			定额人工费：1896.03
2	011707002001	夜间施工						本工程不计算
3	011707004001	二次搬运						本工程不计算
4	011707005001	冬雨季施工						本工程不计算
5	011707007001	已完工程及设备保护						本工程不计算
	合　计				530.89			

编制人(造价人员)：　　　　　　　　　　　　　　　复核人(造价工程师)：

6.2.4　青年活动室其他项目清单费计算

根据青年活动室其他项目清单(表 6-4)计算的其他项目清单费见表 6-13。

其他项目清单与计价汇总表　　　　表 6-13

工程名称：青年活动室工程(部分)　　　　标段：　　　　第 1 页共 1 页

序号	项目名称	金额(元)	结算金额(元)	备注
1	暂列金额	120.00		
2	暂估价			无
2.1	材料(工程设备)暂估价			无
2.2	专业工程暂估价			无
3	计日工			无
4	总承包服务费			无
5	索赔与现场签证			无
	合计	120.00		

注：材料(工程设备)暂估单价进入清单项目综合单价，此处不汇总。

173

6.2.5 青年活动室规费和税金计算

根据某地区费用标准（见表5-1）内容，计算的青年活动室规费和税金见表6-14（按三级企业标准取费）。

规费、税金项目计价表

表 6-14

工程名称：青年活动室工程（部分）　　　　标段：　　　　　　　　第1页共1页

序号	项目名称	计算基础	计算基数	计算费率（%）	金额（元）
1	规费	定额人工费			392.48
1.1	社会保障费	定额人工费	(1)……(5)		316.64
(1)	养老保险费	定额人工费	1896.03	9	170.64
(2)	失业保险费	定额人工费	1896.03	1.1	20.86
(3)	医疗保险费	定额人工费	1896.03	4.5	85.32
(4)	工伤保险费	定额人工费	1896.03	1.3	24.65
(5)	生育保险费	定额人工费	1896.03	0.8	15.17
1.2	住房公积金	定额人工费	1896.03	4.0	75.84
1.3	工程排污费	按工程所在地区规定计取	（不计算）		
2	增值税税金	分部分项工程费＋措施项目费＋其他项目费＋规费－按规定不计税的工程设备金额	(5498.11＋530.89＋120.00＋392.48)＝6541.48×10.00%	10.00	654.15
	合　计				1046.63

6.2.6 青年活动室投标报价汇总表计算

根据表 6-11～表 6-14 编制的青年活动室投标价汇总表见表 6-15。

单位工程投标报价汇总表   表 6-15

工程名称：青年活动室工程（部分）   标段：   第 1 页共 1 页

序号	汇总内容	金额（元）	其中：暂估价（元）
1	分部分项工程	5498.11	
1.1	土石方工程	925.76	
1.2	砌筑工程	2496.46	
1.3	混凝土及钢筋混凝土工程	603.42	
1.4	措施项目	1472.47	
1.5			
2	措施项目	530.89	
2.1	其中：安全文明施工费	530.89	
3	其他项目	120.00	
3.1	其中：暂列金额	120.00	
3.2	其中：专业工程暂估价	—	
3.3	其中：计日工	—	
3.4	其中：总承包服务费	—	
4	规费	392.48	
5	增值税税金	654.15	
	投标报价合计＝1＋2＋3＋4＋5	7195.63	

说明：表中各项费用均以不包含增值税可抵扣进项税额的价格计算。

7 分部分项工程和单价措施项目完全 （全费用）工程造价计算

7.1 分部分项工程和单价措施项目完全 （全费用）工程造价计算法的含义

分部分项工程和单价措施项目完全工程造价计算法（简称全费用法）是指，每个分部分项工程或者单价措施项目都是包含分部分项工程费（或单价措施项目费）、总价措施项目费、其他项目费、规费和税金的完整工程造价费用。

7.2 青年活动室分部分项工程和单价措施项目完全 （全费用）工程造价计算法实例

7.2.1 青年活动室分部分项工程和单价措施项目清单

根据表 6-2 整理的青年活动室分部分项工程和单价措施项目清单见表 7-1。

分部分项工程和单价措施项目清单　　　　　　表 7-1

工程名称：青年活动室（部分项目）　　　　标段：　　　　　　第 1 页共 1 页

序号	项目编码	项目名称	项目特征描述	计量单位	工程量
		一、土石方工程			
1	010101001001	平整场地	1. 土壤类别：三类土 2. 弃（取）土距离：自定	m²	33.03
2	010101003001	挖地槽土方	1. 土壤类别：三类土 2. 挖土深度：1.05m 3. 弃土距离：自定	m³	27.30
		二、砌筑工程			
3	010401001001	砖基础	1. 砖品种规格强度： 　MU5 标准砖 240×115×53 2. 基础类型：带形 3. 砂浆强度等级：M5 4. 防潮层材料种类：防水砂浆	m³	7.68
		三、混凝土工程			
4	010503004001	现浇圈梁	1. 混凝土种类：碎石混凝土 2. 混凝土强度等级：C20	m³	1.54
		四、脚手架工程			
5	011701003001	砌墙脚手架	1. 搭设方式：单排 2. 搭设高度：3.75m 3. 脚手架材质：钢管	m²	103.95
		五、模板及支架			
6	011702008001	圈梁模板按拆	材料：组合钢模	m²	15.03

7.2.2　青年活动室分部分项工程和单价措施项目完全（全费用）工程造价计算

1. 全费用综合单价计算

根据表 7-1 的内容和某地区预算定额及某地区费用标准（表 5-1），采用表 7-2 的格式计算青年活动室分部分项工程全费用综合单价（三级施工企业、工程在市区），计算过程见表 7-2。

分部分项工程和单价措施项目全费用综合单价计算表

表 7-2

工程名称：青年活动室　　　　　　　　标段：　　　　　　　　第 1 页共 6 页

项目编码	010101001001	项目名称	平整场地	计量单位	m²

清单综合单价组成明细

定额编号	定额项目名称	定额单位	数量	单价				合价			
				人工费	材料费	机械费	管理费和利润	人工费	材料费	机械费	管理费和利润
A1-39	平整场地	100m²	0.01	142.88			42.86	1.43			0.43
	人工单价			小计				1.43			0.43
	47.00 元/工日			未计价材料费							
	取费基础：定额人工费			清单项目综合单价Ⅰ				1.86			

材料费明细	主要材料名称、规格、型号			单位	数量	单价（元）	合价（元）	暂估单价（元）	暂估合价（元）
	其他材料费						—		—
	材料费小计						—		—

	项目名称	费率	金额		项目名称	费率	金额		项目名称	费率	金额
总价措施项目费Ⅱ	安全文明施工费	28%	0.40	其他项目费Ⅲ	暂估价			规费Ⅳ	社会保险费	16.7%	0.24
	夜间施工增加费				总承包服务费				住房公积金	4%	0.06
	二次搬运费				索赔与现场签证				工程排污费		
	冬雨期施工增加费										
	小计		0.40		小计				小计		0.30

说明：全部项目的取费基础是定额人工费。

税金 =（Ⅰ＋Ⅱ＋Ⅲ＋Ⅳ）×增值税税率 =（1.86＋0.40＋0.30）×10% = 0.26 元；工程造价：2.82 元

注：1. 管理费和利润＝定额人工费×30%。

　　2. 表中各项费用均以不包含增值税可抵扣进项税额的价格计算（续表同）。

分部分项工程和单价措施项目全费用综合单价计算表 续表

工程名称：青年活动室 　　　　　标段： 　　　　　第2页共6页

项目编码	010101003001	项目名称	挖地槽土方	计量单位	m³

清单综合单价组成明细

定额编号	定额项目名称	定额单位	数量	单价				合价			
				人工费	材料费	机械费	管理费和利润	人工费	材料费	机械费	管理费和利润
A1-15	人工挖沟槽	100m³	0.10	2435.07			730.52	24.35			7.31
人工单价			小计					24.35			7.31
47.00元/工日			未计价材料费								
取费基础：定额人工费			清单项目综合单价Ⅰ					31.66			

材料费明细	主要材料名称、规格、型号	单位	数量	单价（元）	合价（元）	暂估单价（元）	暂估合价（元）
	其他材料费			—		—	
	材料费小计			—		—	

	项目名称	费率	金额		项目名称	费率	金额		项目名称	费率	金额
总价措施项目费Ⅱ	安全文明施工费	28%	6.82	其他项目费Ⅲ	暂估价			规费Ⅳ	社会保险费	16.7%	4.07
	夜间施工增加费				总承包服务费				住房公积金	4%	0.97
	二次搬运费				索赔与现场签证				工程排污费		
	冬雨季施工增加费										
	小计		6.82		小计				小计		5.04

说明：全部项目的取费基础是定额人工费。

税金＝（Ⅰ＋Ⅱ＋Ⅲ＋Ⅳ）×增值税税率＝（31.66＋6.82＋5.04）×10％＝4.35元；造价：47.87元

注：管理费和利润＝定额人工费×30％。

分部分项工程和单价措施项目全费用综合单价计算表　　　　　续表

工程名称：青年活动室　　　　　　　　标段：　　　　　　　　第 3 页共 6 页

| 项目编码 | 010401001001 | | 项目名称 | 砖基础 | | 计量单位 | m³ |

清单综合单价组成明细

定额编号	定额项目名称	定额单位	数量	单价				合价			
				人工费	材料费	机械费	管理费和利润	人工费	材料费	机械费	管理费和利润
A3-1	M5 水泥砂浆砌砖基础	10m³	0.10	584.40	2293.77	40.35	175.32	58.44	229.38	4.04	17.53
A7-214	1：2 水泥砂浆墙基防潮层	100m²	0.0084	811.80	774.82	33.10	243.54	6.82	6.51	0.29	2.05
人工单价			小计					65.26	235.89	4.33	19.58
60.00 元/工日			未计价材料费								
取费基础：定额人工费			清单项目综合单价Ⅰ					325.06			

主要材料名称、规格、型号			单位	数量	单价（元）	合价（元）	暂估单价（元）	暂估合价（元）
材料费明细		标准砖	千块	0.5236	380.00	198.97		
		32.5 级水泥	t	0.0505	360.00	18.18		
		中砂	t	0.3783	30.00	11.35		
		水	m³	0.176	5.00	0.88		
		32.5 级水泥	t	0.0117	360.00	4.21		
		中砂	t	0.0309	30.00	0.93		
		防水粉	kg	0.59	2.00	1.18		
		水	m³	0.038	5.00	0.19		
		其他材料费			—		—	
		材料费小计			—	233.89	—	

	项目名称	费率	金额		项目名称	费率	金额		项目名称	费率	金额
总价措施项目费Ⅱ	安全文明施工费	28%	18.27	其他项目费Ⅲ	暂估价			规费Ⅳ	社会保险费	16.7%	10.90
	夜间施工增加费				总承包服务费				住房公积金	4%	2.61
	二次搬运费				索赔与现场签证				工程排污费		
	冬雨季施工增加费										
	小计		18.27		小计				小计		13.51

说明：全部项目的取费基础是定额人工费。

税金 ＝（Ⅰ＋Ⅱ＋Ⅲ＋Ⅳ）×增值税税率＝（325.06＋18.27＋13.51）×10％＝35.68 元；造价：392.52 元

注：1. 管理费和利润＝定额人工费×30％。

　　2. 防潮层数量＝防潮层工程量÷砖基础工程量＝6.42÷7.68÷100＝0.0084。

分部分项工程和单价措施项目全费用综合单价计算表

工程名称：青年活动室　　　　　　　　标段：

项目编码	010503004001	项目名称	现浇圈梁	计量单位	m³

清单综合单价组成明细

定额编号	定额项目名称	定额单位	数量	单价 人工费	单价 材料费	单价 机械费	单价 管理费和利润	合价 人工费	合价 材料费	合价 机械费	合价 管理费和利润
A4-23	现浇圈梁	10m³	0.10	1399.20	2030.05	69.18	419.76	139.92	203.01	6.92	41.98
人工单价			小计					139.92	203.01	6.92	41.98
60.00 元/工日			未计价材料费								
取费基础：定额人工费			清单项目综合单价Ⅰ					391.83			

	主要材料名称、规格、型号	单位	数量	单价（元）	合价（元）	暂估单价（元）	暂估合价（元）
材料费明细	32.5 级水泥	t	0.325	360.00	117.00		
	中砂	t	0.669	30.00	20.07		
	碎石	t	1.366	42.00	57.37		
	塑料薄膜	m²	3.304	0.80	2.64		
	水	m³	1.184	5.00	5.92		
	其他材料费			—		—	
	材料费小计			—	203.00	—	

	项目名称	费率	金额		项目名称	费率	金额		项目名称	费率	金额
总价措施项目费Ⅱ	安全文明施工费	28%	39.18	其他项目费Ⅲ	暂估价			规费Ⅳ	社会保险费	16.7%	23.37
	夜间施工增加费				总承包服务费				住房公积金	4%	5.60
	二次搬运费				索赔与现场签证				工程排污费		
	冬雨季施工增加费										
	小计		39.18		小计				小计		28.97

说明：全部项目的取费基础是定额人工费。

税金 =（Ⅰ＋Ⅱ＋Ⅲ＋Ⅳ）×增值税税率 =（391.83＋39.18＋28.97）×10％＝46 元；造价：505.98 元

注：管理费和利润＝定额人工费×30％。

分部分项工程和单价措施项目全费用综合单价计算表 续表

工程名称：青年活动室 标段： 第 5 页共 6 页

项目编码	011701003001	项目名称	砌墙脚手架	计量单位	m²

清单综合单价组成明细

定额编号	定额项目名称	定额单位	数量	单 价				合 价			
				人工费	材料费	机械费	管理费和利润	人工费	材料费	机械费	管理费和利润
A11-1	砌墙脚手架	100m²	0.01	184.80	539.71	55.65	55.44	1.85	5.40	0.56	0.55
	人工单价		小计					1.85	5.40	0.56	0.55
	60.00 元/工日		未计价材料费								
	取费基础：定额人工费		清单项目综合单价Ⅰ					8.36			

材料费明细	主要材料名称、规格、型号	单位	数量	单价（元）	合价（元）	暂估单价（元）	暂估合价（元）
	钢管	百米·天	1.161	1.60	1.86		
	直角扣件	百米·天	1.30	1.00	1.30		
	对接扣件	百米·天	0.1143	1.00	0.11		
	旋转扣件	百米·天	0.0279	1.00	0.03		
	底座	百米·天	0.0703	1.50	0.11		
	木材	m³	0.00009	1800.00	0.16		
	镀锌钢丝 8 号	kg	0.1118	5.00	0.56		
	木脚手板	m³	0.00055	2200.00	1.21		
	钢钉	kg	0.0113	5.50	0.06		
	其他材料费			—		—	
	材料费小计			—	5.40		

	项目名称	费率	金额		项目名称	费率	金额		项目名称	费率	金额
总价措施项目费Ⅱ	安全文明施工费	28%	0.52	其他项目费Ⅲ	暂估价			规费Ⅳ	社会保险费	16.7%	0.31
	夜间施工增加费				总承包服务费				住房公积金	4%	0.07
	二次搬运费				索赔与现场签证				工程排污费		
	冬雨季施工增加费										
	小计		0.52		小计				小计		0.38

说明：全部项目的取费基础是定额人工费。

税金 ＝（Ⅰ＋Ⅱ＋Ⅲ＋Ⅳ）×增值税税率 ＝（8.36＋0.52＋0.38）×10%＝0.93 元；造价：10.91 元

注：管理费和利润＝定额人工费×30%。

分部分项工程和单价措施项目全费用综合单价计算表

工程名称：青年活动室　　　　　标段：　　　　　

项目编码	011702008001	项目名称	圈梁模板安拆	计量单位	m²

清单综合单价组成明细

定额编号	定额项目名称	定额单位	数量	单价				合价			
				人工费	材料费	机械费	管理费和利润	人工费	材料费	机械费	管理费和利润
A12-22	圈梁模板安拆	100m²	0.01	1830.00	1526.06	113.27	549.00	18.30	15.26	1.13	5.49
人工单价			小计					18.30	15.26	1.13	5.49
60.00 元/工日			未计价材料费								
取费基础：定额人工费			清单项目综合单价Ⅰ					40.15			

	主要材料名称、规格、型号	单位	数量	单价（元）	合价（元）	暂估单价（元）	暂估合价（元）
材料费明细	32.5 级水泥	t	0.00002	360.00	0.01		
	中砂	t	0.00004	30.00	0.00		
	组合钢模	t·天	0.612	11.00	6.73		
	支撑方木	m³	0.00109	2300.00	2.51		
	木模板	m³	0.00014	2300.00	0.32		
	钢钉	kg	0.3297	5.50	1.81		
	镀锌钢丝 8 号	kg	0.6454	5.00	3.23		
	隔离剂	kg	0.10	0.98	0.10		
	镀锌钢丝 22 号	kg	0.0018	6.70	0.01		
	水	m³	0.00001	5.00	0.00		
	其他材料费			—	0.54	—	
	材料费小计			—	15.26		

	项目名称	费率	金额		项目名称	费率	金额		项目名称	费率	金额
总价措施项目费Ⅱ	安全文明施工费	28%	5.12	其他项目费Ⅲ	暂估价			规费Ⅳ	社会保险费	16.7%	3.06
	夜间施工增加费				总承包服务费				住房公积金	4%	0.73
	二次搬运费				索赔与现场签证				工程排污费		
	冬雨季施工增加费										
	小计		5.12		小计				小计		3.79

说明：全部项目的取费基础是定额人工费。

税金 ＝（Ⅰ＋Ⅱ＋Ⅲ＋Ⅳ）×增值税税率 ＝（40.15＋5.12＋3.79）×10% ＝4.91 元；造价：53.97 元

注：管理费和利润＝定额人工费×30%。

2. 青年活动室分部分项全费用法计算见表7-3。

分部分项工程和单价措施项目清单全费用计价表　　　　表 7-3

工程名称：青年活动室（部分项目）　　　　标段：　　　　　　　第 1 页共 1 页

序号	项目编码	项目名称	项目特征描述	计量单位	工程量	金额（元）		
						综合单价	合价	其中人工费
		一、土石方工程						
1	010101001001	平整场地	1. 土壤类别：三类土 2. 弃（取）土距离：自定	m²	33.03	2.82	93.14	47.23
2	010101003001	挖地槽土方	1. 土壤类别：三类土 2. 挖土深度：1.05m 3. 弃土距离：自定	m³	27.30	47.87	1306.85	664.76
		小计					1399.99	711.99
		二、砌筑工程						
3	010401001001	砖基础	1. 砖品种规格强度： MU5 标准砖 240×115×53 2. 基础类型：带形 3. 砂浆强度等级：M5 4. 防潮层材料种类：防水砂浆	m³	7.68	392.52	3014.55	501.20
		小计					3014.55	501.20
		三、混凝土工程						
4	010503004001	现浇圈梁	1. 混凝土种类：碎石混凝土 2. 混凝土强度等级：C20	m³	1.54	505.98	779.21	215.48
		小计					779.21	215.48
		四、脚手架工程						
5	011701003001	砌墙脚手架	1. 搭设方式：单排 2. 搭设高度：3.75m 3. 脚手架材质：钢管	m²	103.95	10.19	1059.25	192.31
		小计					1059.25	192.31
		五、模板及支架						
6	011702008001	圈梁模板安拆	材料：组合钢模	m²	15.03	53.97	811.17	275.05
		小计					811.17	275.05
		本页小计						
		合计					7064.17	1896.03

7.2.3 青年活动室工程（部分）其他项目清单费计算

青年活动室工程（部分）其他项目清单与计价汇总表见表7-4。

其他项目清单与计价汇总表 　　　　　　　　　　　　　　　　表 7-4

工程名称：青年活动室工程（部分）　　　　　标段：　　　　　　　第 1 页共 1 页

序号	项目名称	金额（元）	结算金额（元）	备注
1	暂列金额	120.00		
2	暂估价			无
2.1	材料（工程设备）暂估价			无
2.2	专业工程暂估价			无
3	计日工			无
4	总承包服务费			无
5	索赔与现场签证			无
	合　计	120.00		

含增值税＝120.00×（1＋10％）＝132.00 元

注：材料（工程设备）暂估单价进入清单项目综合单价，此处不汇总。

7.2.4　青年活动室工程投标报价汇总表

青年活动室工程投标报价汇总见表7-5。

单位工程投标报价汇总表

表 7-5

工程名称：青年活动室工程（部分）　　　　标段：　　　　　　　　第1页共1页

序号	汇总内容	金额（元）	其中：暂估价（元）
1	分部分项工程全费用造价	7064.17	
2	其他项目	132.00	
2.1	其中：暂列金额	132.00	
2.2	其中：专业工程暂估价	无	
2.3	其中：计日工	无	
2.4	其中：总承包服务费	无	
	投标报价合计＝1＋2	7196.17	

说明：青年活动室工程（部分）的第6章报价7195.63元与第7章报价7196.17元是基本相同的，0.54元是计算过程小数四舍五入的误差。

8 装配式建筑工程造价计价原理

8.1 装配式建筑的概念

装配式建筑是指用工厂生产的预制构件、部品部件在工地装配而成的建筑，包括装配式混凝土结构、钢结构、现代木结构以及其他符合装配式建筑技术要求的结构体系建筑。本教材只介绍装配式混凝土结构建筑的工程造价计算方法。

8.2 PC 的 概 念

PC（Precast Concrete），是装配式混凝土预制构件的简称，我们在学习装配式混凝土建筑计量与计价的课程内容时，首先要了解什么是 PC。

PC 构件厂的产品是按照标准图设计生产的混凝土构件，主要有外墙板、内墙板、叠合板、阳台、空调板、楼梯、预制梁、预制柱等，然后将工厂生产的 PC 构件运到建筑物施工现场，经装配、连接、部分现浇，装配成混凝土结构建筑物。PC 构件示意图见图 8-1。

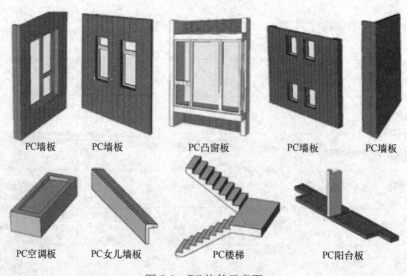

PC墙板　　　PC墙板　　　PC凸窗板　　　PC墙板　　　PC墙板

PC空调板　　PC女儿墙板　　　PC楼梯　　　　PC阳台板

图 8-1　PC 构件示意图

（1）PC 是先进的建造方式

传统的住宅建造方式中，建筑工人手工操作有误差，施工质量受工人技术水平影响较大；劳动密集，人力需求较大；容易产生大量垃圾、噪声污染等，与传统建造方法相比，

PC住宅的产业化程度高、精密、高效、节能环保，对人力需求较低，可减少资源、能源消耗，减少装修垃圾，避免装修污染。如果整个住宅行业都能实行产业化生产，将大大推动房地产由粗放到集约的转变，社会资源也将得到节约。

（2）PC是世界住宅产业发展趋势

从住宅产业化在全世界的发展趋势来看，住宅科技是推动产业化住宅发展的主导力量，各发达国家，特别是欧美和日本等国家地区，都结合自身实际制定了住宅科技发展规划，进一步完善PC住宅产业化，研究节能、节材、节水、节地及环保型工业化住宅技术。

8.3 成品住宅

成品住宅也称全装修成品住宅，是指房屋交付使用前，所有功能空间的固定面应全部铺装或粉刷完成，厨房和卫生间的基本设备应全部安装完成，能满足基本生活要求（拎包入住）的（精装修）住宅。

自2016年9月国务院办公厅发布《关于大力发展装配式建筑的指导意见》以来，截至2017年3月，全国30多个省市区推出装配式建筑的相关政策，要求"十三五"期间（2016—2020）装配式建筑占新建建筑的比例30％以上；新开工全装修成品住宅面积比率30％以上；"十四五"期间（2021—2025）装配式建筑占新建建筑比例要达到50％以上，全面普及成品住宅。成品住宅示意图见图8-2。

图 8-2　成品住宅示意图

8.4 建筑部品化

建筑部品化，就是运用现代化的工业生产技术将柱、梁、墙、板、屋盖甚至整体卫生间、整体厨房等建筑构配件、部件实现工厂化预制生产，使之能达到运输至建筑施工现场进行"搭积木"式的简捷化装配安装，进而完成建筑工程。示意图见图8-3～图8-6。

图 8-3 "搭积木"式的盒子建筑

图 8-4 PC 工厂预制的住宅外墙

图 8-5 现场吊装 PC 楼板

图 8-6 现场吊装 PC 柱、梁

8.5 预 制 构 件

预制构件是指预先制作，后安装的混凝土构件。目前，装配式预制构件主要在 PC 构件厂生产，然后运输到建筑物施工现场后进行组装。

一般常见的有预制混凝土墙板、预制混凝土梁、预制混凝土柱、预制混凝土楼梯等，见图 8-7～图 8-13。

图 8-7 PC 墙板

图 8-8 吊装完成的 PC 梁

图 8-9　PC 柱

图 8-10　PC 楼梯段

图 8-11　PC 屋面板

图 8-12　PC 建筑物

图 8-13　PC 墙板组装

8.6　住宅部品术语

中华人民共和国国家质量监督检验检疫总局、中国国家标准化管理委员会 2008 年 12 月 24 日发布了《住宅部品术语》GB/T 22633—2008 国家标准，主要内容摘录如下。

（1）住宅部品

按照一定的边界条件和配套技术，由两个或两个以上的住宅单一产品或复合产品在现场组装而成，构成住宅某一部位中的一个功能单元，能满足该部位一项或几项功能要求的产品。包括屋顶、墙体、楼板、门窗、隔墙、卫生间、厨房、阳台、楼梯、储柜等部品类别。

（2）屋顶部品

由屋面饰面层、保护层、防水层、保温层、隔热层、屋架等中的两种或两种以上产品按一定的构造方法组合而成，满足一种或几种屋顶功能要求的产品。屋顶部品示意图见图8-14～图8-17。

图 8-14　木结构屋盖部品

图 8-15　混凝土结构屋盖部品

图 8-16　PC屋盖部品

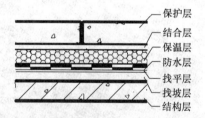

图 8-17　PC屋盖部品做法

（3）墙体部品

由墙体材料、结构支撑体、隔声材料、保温材料、隔热材料、饰面材料等中的两种或者两种以上产品按一定的构造方法组合而成，满足一种或几种墙体功能要求的产品。墙体部品示意见图8-18。

（4）楼板部品

由面层、结构层、附加层（保温层、隔声层等）、吊顶层等中的两种或者两种以上产品按一定的构造方法组合而成，满足一种或几种楼板功能要求的产品。楼板部品示意图见图8-19、图8-20。

（5）门窗部品

由门、门框、窗扇、窗框、门窗五金、密封层、保温层、窗台板、门窗套板、遮阳等

图 8-18 墙体部品

图 8-19 楼板部品示意图（一）

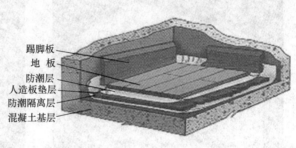

踢脚板
地 板
防潮层
人造板垫层
防潮隔离层
混凝土基层

图 8-20 楼板部品示意图（二）

中的两种或者两种以上产品按一定的构造方法组合而成，满足一种或几种门窗功能要求的产品。门窗部品示意图见图 8-21。

（6）隔墙部品

由墙体材料、骨架材料、门窗等中的两种或者两种以上产品按一定的构造方法组合而成的非承重隔墙和隔断，满足一种或几种隔墙和隔断功能要求的产品。隔墙部品示意图见图 8-22。

（7）卫生间部品

由洁具、管道、给排水和通风设施等产品，按照配套技术组装，满足如厕、洗浴、盥洗、通风等一个或多个卫生功能要求的产品。卫生间部品见图 8-23、图 8-24。

图 8-21　门窗部品示意图

图 8-22　隔墙部品示意图

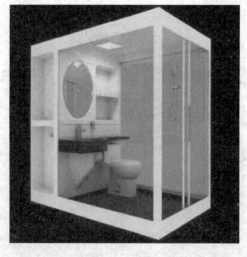 

图 8-23　卫生间部品（盥洗）　　　　　　图 8-24　卫生间部品（洗浴）

（8）厨房部品

由烹调、通风排烟、食品加工、清洗、贮藏等产品，按照配套技术组装，满足一个或多个厨房功能要求的产品。厨房部品示意图见图 8-25。

（9）阳台部品

图 8-25　厨房部品

由阳台地板、栏板、栏杆、扶手、连接件、排水设施等产品，按一定构造方法组合而成，满足一种或几种阳台功能要求的产品。阳台部品示意图见图 8-26。

图 8-26　阳台部品示意图

（10）楼梯部品

由梯段、楼梯平台、栏杆、扶手等中的两种或者两种以上产品，按一定构造方法组合而成，满足一种或几种楼梯功能要求的产品。楼梯部品示意图见图 8-27。

（11）储柜部品

由门扇、轨道、家具五金、隔板等产品，按一定构造方法组合而成，满足固定储藏功能要求的产品。储柜部品见图 8-28。

图 8-27　楼梯部品

图 8-28　储柜部品

8.7　工　厂　化　生　产

工厂化生产是指采用专用成套技术、工艺设备，在工厂生产出符合一项或者几项功能要求的住宅部品的过程（图 8-29～图 8-33）。

图 8-29　PC 厂预制墙板

图 8-30 PC 墙板堆放 　　　　　　　　图 8-31 PC 墙板运输

图 8-32 PC 墙板吊装

图 8-33 装配式建筑示意图

（1）配套技术

配套技术是指在设计、生产、组装等方面，有相互联系并能协调一致的技术手段。

（2）现场组装

将工厂化生产的材料、制品或部品，按照一定的方法，在施工现场进行组合安装（图 8-34）。

图 8-34　现场组装示意图

8.8　装配式建筑计算工程造价的特点

装配式建筑工程造价的特点是由装配式建筑的特性和生产方式决定的。

1. 装配式建筑的特性

（1）标准化

装配式建筑特别是装配式住宅，采用标准化设计的施工图进行建造。预制构件标准化、住宅部品标准是装配式建筑的重要特性。

（2）预制率高

装配式建筑特别是装配式混凝土建筑构件的预制率较高。可以根据建筑预制构件的标准图设计，实现工厂化、大批量的生产。

（3）机械化程度高

大量预制混凝土构件在 PC 工厂大规模生产、大型运输设备及吊装设备将预制混凝土构件快速运往施工现场进行组装，实现了高机械化程度的施工生产目标。

（4）快速组合

装配式建筑实现了将 PC 构件与住宅部品快速组合的施工生产工艺，提高了工程质量，加快了建筑安装与装饰的综合性施工进度，提高了经济效益和社会效益。

2. 装配式建筑工程造价的特性

（1）PC 工厂产品价格高

目前的 PC 工厂往往采用信息化、自动化、集成化程度很高的进口成套设备生产预制混凝土构件。该生产设备具有摊销价值高、折旧期长的特点。所以，与传统生产工艺比较，提高了 PC 构件的价格。

另外，PC 构件的运输需要专用的运输设备运到施工现场。如果运输距离超过合理的范围，必然增加 PC 构件的运输成本。

（2）部品化特性改变了计价方式

装配式建筑的基础部分还是采用传统的现浇混凝土的方式，可以根据传统计价定额用分部分项工程项目计算工程造价。

住宅部品化后，构成工程造价的实体单元是以各部品的形式出现。一个部品往往由两个或者两个以上的分项工程按其功能要求组合而成，计价过程具有综合性特征。因此，装配式部品化特性，改变了传统的工程造价计价方式。

（3）市场定价逐渐占据主导地位

PC 工厂的预制构件是产品，屋顶、墙体、楼板、门窗、隔墙、卫生间、厨房、阳台、楼梯、储柜等部品分别由各工厂生产。这些产品都有出厂价或者生产价，不会按照计价定额来确定单价。通过市场交易、采用市场价确定部品价格已经成为确定工程造价的主流。

8.9　确定装配式建筑工程造价的方法

（1）建筑物基础部分由分部分项工程单位估计法确定工程造价

装配式建筑物基础部分，我们可以采用传统的单位估计法来确定工程造价，以人工费为取费基础。其数学模型构建如下（方法 1）。

基础部分工程造价＝｛∑［基础部分的分项工程量×定额基价（不含增值税）］＋∑（基础部分的分项工程量×定额人工单价）×（1＋管理费率＋利润率＋措施项目费率＋其他项目费率＋规费率）｝×（1＋增值税率）

（2）装配式预制构件依据消耗量定额采用实物金额法确定工程造价

装配式预制构件依据消耗量定额采用实物金额法确定工程造价，工程直接费为取费基础。其数学模型构建如下（方法 2）。

预制构件工程造价＝｛［∑预制构件制作工程量×定额基价（不含增值税）］＋［∑预制构件运输工程量×定额基价（不含增值税）］＋［∑预制构件吊装工程量×定额计价（不含增值税）］｝×（1＋管理费率＋利润率＋措施项目费率＋其他项目费率＋规费率）×（1＋增值税率）

（3）住宅部品采用市场价确定工程造价

住宅部品可以采用市场价确定工程造价。其数学模型构建如下（方法 3）。

住宅部品工程造价＝｛［∑宅部品数量×市场价（不含增值税）］＋［∑住宅部品运输数量×市场价（不含增值税）］＋［∑住宅部品安装数量×市场价（不含增值税）］｝×（1＋管理费率＋利润率＋措施项目费率＋其他项目费率＋规费率）×（1＋增值税率）

装配式建筑工程造价＝基础造价＋预制构件造价＋住宅部品造价

综上所述，装配式建筑工程造价，一般要根据具体情况采用上述方法（一种或几种）进行计算。

8.10 装配式建筑工程造价计算程序

装配式建筑工程造价计算公式如下：

装配式建筑工程造价＝税前造价×（1＋10％）

其中，税前造价中的各项费用均以不含增值税可抵扣进项税额的价格计算。

装配式建筑工程造价计算程序见表8-1。

装配式建筑工程造价计算程序　　　　　　　　　　表 8-1

序号	费用项目			计算基础	计算式
1	分部分项工程费		人工费	直接费	定额直接费＝Σ（分部分项工程量×定额基价） 工料价差调整＝定额人工费×调整系数＋Σ（材料用量×材料价差）
			人工价差调整		
			材料费		
			材料价差调整		
			机械（具）费		
			企业管理费 包含：城市维护建设税 　　　　教育费附加 　　　　地方教育附加	定额人工费	定额人工费×管理费率
			利润	定额人工费	定额人工费×利润率
2	措施项目费	单价措施项目	人工费	单价措施项目直接费	定额直接费＝Σ（单价措施项目工程量×定额基价） 工料价差调整＝定额人工费×调整系数＋Σ（材料用量×材料价差）
			人工价差调整		
			材料费		
			材料价差调整		
			机械（具）费		
			企业管理费	单价措施项目定额人工费	单价措施项目定额人工费×间接费率
			利润	单价措施项目定额人工费	单价措施项目定额人工费×利润率
		总价措施	安全文明施工费	分部分项工程定额人工费＋单价措施项目定额人工费	（分部分项工程定额人工费＋单价措施项目定额人工费）×措施费率
			夜间施工增加费		
			二次搬运费		
			冬雨季施工增加费		
3	其他项目费		总承包服务费	分包工程造价	分包工程造价×费率
			暂列金额		根据招标工程量清单列出的项目计算
			暂估价		
			计日工		

续表

序号	费用项目		计算基础	计算式
4	规费	社会保险费	分部分项工程定额人工费＋单价措施项目定额人工费	（分部分项工程定额人工费＋单价措施项目定额人工费）×费率
		住房公积金		
		工程排污费		
5		税前造价	序1＋序2＋序3＋序4	
6	税金	增值税	税前造价	税前造价×10%

工程造价＝序1＋序2＋序3＋序4＋序6

参 考 文 献

[1] 中华人民共和国住房和城乡建设部，中华人民共和国国家质量监督检验检疫总局 . GB 50500—2013 建设工程工程量清单计价规范[S]. 北京：中国计划出版社，2013.

[2] 袁建新 等编著 . 建筑工程预算(第六版)[M]. 北京：中国建筑工业出版社，2014.

[3] 袁建新 等编著 . 工程量清单计价(第五版)[M]. 北京：中国建筑工业出版社，2014.

[4] 袁建新 等编著 . 建筑工程计量与计价[M]. 重庆：重庆大学出版社，2014.

[5] 王传维 等 . 市场价格学教程[M]. 北京：中国商业出版社，1998.

[6] 刘静暖 等 . 西方经济学[M]. 北京：中国经济出版社 ，2012.

[7] 刘厚俊 . 现代西方经济学原理第 4 版[M]. 南京：南京大学出版社，2005.

[8] 李奕滨 等 . 新编西方经济学[M]. 上海：立信会计出版社，2011.

[9] 温桂芳 . 新市场价格学[M]. 北京：经济科学出版社，1999.

[10] 赵国欣 . 政治经济学[M]. 北京：北京理工大学出版社 ，2014.

[11] 沈爱华 等 . 政治经济学原理与实务[M]. 北京：北京大学出版社 ，2013.